Jorge Alfredo González Pérez
Cesaltina Carla Da S. Mussinda

Comportamento agro-produtivo do feijão com adubos orgânicos

Jorge Alfredo González Pérez
Cesaltina Carla Da S. Mussinda

Comportamento agro-produtivo do feijão com adubos orgânicos

Comportamento agro-produtivo do feijão(Phaseolus vulgaris L.) com adubos orgânicos no bairro da Caxila 3

ScienciaScripts

Cover image: www.ingimage.com

This book is a translation from the original published under ISBN 978-620-0-00961-6.

Publisher:
Sciencia Scripts
is a trademark of
Dodo Books Indian Ocean Ltd. and OmniScriptum S.R.L publishing group

120 High Road, East Finchley, London, N2 9ED, United Kingdom
Str. Armeneasca 28/1, office 1, Chisinau MD-2012, Republic of Moldova, Europe
Managing Directors: Ieva Konstantinova, Victoria Ursu
info@omniscriptum.com

Printed at: see last page
ISBN: 978-620-8-39904-7

OBRIGADO

✓ Em primeiro lugar agradeço a Deus Todo-Poderoso por me ter protegido ao longo desta grande jornada académica, depois agradeço profundamente à minha família, amigos, colegas e a todos aqueles que direta ou indiretamente fizeram com que esta grande jornada chegasse ao fim.

✓ Não esqueço de agradecer ao coletivo de professores que tanto fizeram para que eu alcançasse este grande mérito. Esses agradecimentos se estendem desde o primeiro ano até o último ano, em especial ao professor do mestrado. Jorge Alfredo Gonzalez Perez, que é o grande responsável por este trabalho, muito obrigado a todos, que Deus vos abençoe rica e poderosamente.

A todos os meus mais sinceros agradecimentos.

DEDICAÇÃO

✓ *Dedico este trabalho às pessoas mais importantes da minha vida, que são a minha mãe, Sra. Deolinda Carlota Melgaço da Silva, responsável pela minha existência na face da terra;*

✓ *A memória do meu pai;*

✓ *Aos meus filhos, por serem a razão pela qual enfrento todas as batalhas;*

✓ *Aos meus irmãos que sempre me acompanharam em todos os momentos;*

✓ *a eles e para eles dou esta pequena prenda, porque sei que merecem muito mais.*

RESUMO

Com o objetivo de avaliar o efeito de diferentes doses de adubo orgânico sobre indicadores agro-produtivos na cultura do feijão (Phaseolus vulgarisL) como planta indicadora numa mina na localidade de Caxilla III, município do Cuanhama, Província de Ondjiva, realizou-se esta experiência nos meses entre fevereiro e junho de 2023. O experimento foi realizado em condições de campo aberto onde foi realizado um delineamento experimental de blocos casualizados em esquema fatorial de quatro tratamentos cada um com três repetições. Os tratamentos utilizados foram adubo orgânico proveniente de esterco bovino (5,0, 10,0 e 30,0 kg.m^2), e uma testemunha sem aplicação. As variáveis avaliadas foram: altura da planta (cm), diâmetro do caule (mm), número de folhas, número de vagens por planta, comprimento da vagem, peso de 100 cimentos e produtividade por parcela. Os dados obtidos foram submetidos à análise de variância utilizando o programa estatístico Statgraphics 5.1. Para a avaliação económica, foram calculados os seguintes índices económicos: custo de produção (Akz), valor de produção (Akz) e lucro. Em segundo lugar, o melhor tratamento (T3) foi obtido quando o adubo orgânico de esterco bovino foi aplicado a 30,0 kg. m^2 , que influenciou a altura da planta, o diâmetro do caule, o comprimento da vagem e a massa de cem grãos. Economicamente, o tratamento quando o fertilizante orgânico de esterco bovino foi aplicado a 30,0 kg. m^2 (T3) foi o melhor resultado de lucro do experimento.

Palavras chave: Fertilização, tratamento, lavoura, orgânico.

ÍNDICE

I. INTRODUÇÃO

A agricultura e as suas produções representam a base de sustentação da maioria das populações mundiais, dos seus avanços científicos e processos tecnológicos depende o aumento da qualidade de vida no planeta; a satisfação das necessidades alimentares de uma população que cresce a um ritmo vertiginoso e os desafios essenciais do século XXI, no futuro estas necessidades terão de ser garantidas fundamentalmente pelo aumento da produção vegetal, sobretudo daquelas que constituem a base alimentar de cada região (Altieri, 1999 citado por Namwenyo, 2017 e citado por Pequenino, 2018).

O feijão é uma importante fonte de proteína de origem vegetal com ampla demanda mundial, como refletem os dados da FAO (2011), avaliando os altos níveis de comercialização e consumo. A segurança alimentar deste importante componente da dieta tem sido uma preocupação para o estado, o panorama dos sistemas de produção desta cultura vem experimentando uma constante instabilidade, impactada por diversos motivos, no período de 2008 a 2010 as áreas dedicadas foram: 76,740 a 112.201 ha, e no entanto a produção variou entre 70.600 e 132.900 toneladas, para um rendimento de 0,91 a 1,18 t.ha-1 , estes resultados têm sido insuficientes para garantir o consumo da população, sendo forçada a fazer importações constantes no mercado versátil, e que, com as suas flutuações de preços, constitui um sorvedouro para as finanças do Estado. Suárez; Mamani; Joaquín (2018) e citado por Pequenino (2018).O feijão (Phaseolus vulgaris L) pertence à grande família das leguminosas e a sua origem remonta a cerca de 7.000 anos. De acordo com a classificação dos centros de origem das plantas cultivadas, descrita por Binder (2007), esta espécie está localizada nos genocentros VII e VIII, que abrangem as regiões da América Central e do Sul, do México (incluindo as Índias Ocidentais), da América do Sul (Peru, Equador e Bolívia).Existem atualmente 180 espécies do género Phaseolus no mundo, das quais cerca de 126 são das Américas, 54 do Sul da Ásia e Leste da África, 2 da Austrália e apenas uma da Europa (Box, 2011). O feijão é uma cultura bem conhecida e cultivada em grande parte do mundo, sendo amplamente utilizado na alimentação humana e animal, devido às suas qualidades nutricionais. Existem várias espécies e variedades desta cultura, todas pertencentes ao género Phaseolus. Todas as evidências científicas sugerem que se trata de plantas de origem americana, uma vez que são aí cultivadas desde os tempos pré-coloniais (FAO, 2015).

O feijão tem alto potencial de produção e responde bem ao uso de tecnologia. O seu cultivo é geralmente mecanizado, beneficiando muito das modernas técnicas de plantação e colheita (Box (2011). A produção anual de grãos de feijão é de aproximadamente 3,6 milhões de toneladas, cerca de 64% das quais provêm da África Ocidental e Central (Baudoin et al., 2021).

O feijão é um dos alimentos básicos da dieta angolana. Não só como fonte de proteína vegetal, mas também como fonte de ferro, fibra, ácido fólico, tiamina, potássio, magnésio e zinco. Estes compostos são de vital importância na prevenção e tratamento de doenças cardiovasculares, diabetes, obesidade e cancro do cólon, entre as mais comuns.O consumo de alimentos com um elevado teor de ferro reduz a anemia nas crianças. No caso de Angola, a produção anual é de 3.311.988 toneladas com uma área de 934.947 ha e na região do Cunene é de 334 toneladas com uma área de 4.712 ha (MINADER, 2015). Em Angola, um projeto financiado pelo Programa das Nações Unidas para o Desenvolvimento (PNUD) e realizado em conjunto com o Instituto de Investigação Agrária de Angola trabalha desde 2012 para melhorar as condições de vida de seiscentas famílias de agricultores através do cultivo de feijão.Para o efeito, segundo a FAO (2013), foram reforçadas com cinco cooperativas localizadas nas províncias do Huambo e Bié, onde criaram escolas de campo que permitiram acompanhar a plantação de 64 hectares, melhorando as práticas agrícolas dos agricultores. É uma cultura altamente produtiva e rústica, o que permite que seja cultivada em várias épocas do ano.Os estudos realizados referem-se à adaptabilidade do feijão às condições edafoclimáticas Sandoval (2014) diz que as cultivares possuem caraterísticas genéticas, fisiológicas e morfológicas intrínsecas e, por isso, respondem de forma diferente às condições edafoclimáticas locais, destacando a importância de se estudar o comportamento produtivo das cultivares antes de se recomendar o cultivo.

Os efeitos da interação genótipo-ambiente podem ser o resultado de diferentes factores, tais como: condições ambientais, fertilidade do solo, conhecimento tecnológico dos agricultores e sistema de gestão adotado. Estes fatores, isoladamente ou em conjunto, podem alterar o desempenho de um genótipo numa região (Ndanyengwondunge, 2014).A expressão fenotípica em plantas de diferentes variedades de feijão depende do seu conteúdo genético e da interação ambiental. Para uma mesma variedade, o maior benefício agrícola pode variar em função das condições de cultivo. É necessário ajustar os programas de cada variedade às condições presentes nas zonas agrícolas. Qualquer valor que não tenha sido testado não é fiável. O estudo da influência do solo e do clima no crescimento e desenvolvimento fenológico das plantas de diferentes variedades de culturas é fundamental para avaliar estes resultados. Ao longo dos anos, a cultura do feijão não tem atingido um nível aceitável de produção em Angola, sobretudo na província do Cunene, onde as condições climáticas e edáficas desempenham um papel determinante no bom desenvolvimento fisiológico desta cultura.A segurança alimentar desta importante componente da dieta alimentar dos angolanos e em particular dos Cunenesses, tem sido uma preocupação do Estado, o panorama dos sistemas de produção desta cultura tem estado em constante instabilidade. Sabendo-se da importância da cultura para a alimentação e que na província do Cunene é cultivada por camponeses, uma vez que as condições climáticas não são muito favoráveis para o seu desenvolvimento, tendo em conta a precipitação média anual que varia entre 600 mm nos meses de novembro a abril, com temperaturas predominantemente altas de 30 a 35 ºC (Estação Meteorológica do Cunene 2023). Um dos problemas de produção é que não existe o conhecimento necessário sobre o comportamento das cultivares melhoradas para o seu estabelecimento, nem a quantidade de sementes necessárias dessas variedades para satisfazer as necessidades dos produtores locais para a implementação da cultura do feijão na localidade. Outro problema que persiste até ao momento é a utilização ou extensão das boas práticas de afetação orgânica aplicadas às diferentes culturas que devem ser cultivadas nesta zona de Angola. Tendo em conta as várias questões acima levantadas, define-se o seguinte problema científico para esta investigação.

Problema: Qual será o comportamento morfo-agronómico de diferentes fontes de adubo orgânico aplicadas a culturas de feijão semeadas numa horta familiar do bairro Caxilla III?

Nesta base, pode ser aceite a seguinte hipótese:

Hipótese: Avaliando diferentes fontes de adubo orgânico no cultivo de feijão (Phaseolus vulgaris L), pode-se determinar o efeito sobre os indicadores agro-produtivos da planta numa horta familiar do bairro Caxilla III.

Os objectivos gerais e específicos da nossa investigação são os seguintes

Objetivo geral: avaliar o efeito agro-produtivo de diferentes fontes de fertilizantes orgânicos aplicados na cultura do feijão (Phaseolus vulgaris L) como planta indicadora semeada numa horta familiar no bairro Caxila III.

Objectivos específicos

- Determinar a resposta em indicadores morfo-fisiológicos desencadeada por fertilizantes da cultura do feijão (Phaseolus vulgaris L.) como planta indicadora.
- Avaliação económica dos fertilizantes aplicados à cultura.

feijão (Phaseolus vulgaris L.) como planta indicadora.

II.REVISÃO BIBLIOGRÁFICA

2.1.Importância das leguminosas

As leguminosas são de grande importância económica, pois produzem rendimentos elevados e uma grande proporção de reservas nutricionais, cuja aplicação na alimentação humana ou de animais domésticos ocupou e continua a ocupar um lugar na prática agrícola (Exania e Zoraida, 2006).

Embora a principal utilidade das leguminosas para grão resida nas suas sementes, estas plantas também têm múltiplas utilizações na agricultura, por exemplo, como adubo verde, forragem e silagem (Sandoval 2014). Os adubos verdes são todas as leguminosas que são utilizadas para melhorar o solo; a sua utilização aumenta a fertilidade do solo, preservando-o contra a erosão e conservando a humidade durante o período seco e controlando as ervas daninhas.

Os resíduos de leguminosas como fonte de azoto para a cultura seguinte são muito mais importantes do que os resíduos de cereais. Os resíduos de leguminosas em geral são bons fertilizantes devido ao seu maior teor de azoto, este azoto é assimilado mais rapidamente por outras plantas e tem uma relação C:N inferior a 30:1, pelo que tende a libertar azoto e a decompor-se rapidamente (Sandoval. , 2014).

As principais vantagens da utilização de leguminosas de cobertura nas culturas são a gestão das ervas daninhas, a manutenção de uma camada húmida do solo, o aumento do teor de matéria orgânica, a fixação de azoto e a proteção do solo para evitar a erosão (Arias et al. al., 2009).

2.1.1. Origem e importância do feijão

O cultivo do feijão (Phaseolus vulgaris L.) estendeu-se a quase todas as populações pré-hispânicas e constituiu uma das principais culturas alimentares, juntamente com o milho, a batata e a mandioca (Escoto, 2014).

É uma planta originária da América Central e do sul do México. Cultivada na antiguidade, pode ainda ser encontrada espontaneamente na América do Sul. Foi trazida para a Europa pouco depois da descoberta da América e, posteriormente, o cultivo tornou-se cada vez mais importante devido à sua adaptabilidade, espalhando-se por ambos os hemisférios em zonas tropicais, subtropicais e temperadas (Tapia, 2014).

O feijão é uma das culturas mais antigas, pois as investigações arqueológicas indicam que já era conhecido há pelo menos 5000 anos. Considera-se que a trilogia vegetal americana de milho, feijão e abóbora não existia quando o feijão estava em processo de domesticação (Mora, 2013).

Foi apenas no final do século passado e no início do século atual que a origem americana do feijão foi aceite, uma vez que anteriormente o continente asiático era sugerido como centro de origem. As investigações arqueológicas levaram à descoberta de vestígios em vários sítios no Peru, no México e nos Estados Unidos, bem como no Chile, no Equador, na Argentina e na América Central. No Peru, foram encontrados restos mortais datados de há 8000 anos nas grutas de Guitarrero (Tapia, 2014).

No México, no Vale de Tehuacan, há 7000 anos. Na região sudoeste dos Estados Unidos, foram encontrados restos mortais na caverna de Tularosa que datam de 2.300 anos. Estes vestígios consistem em sementes, fragmentos de vagens e partes de plantas recolhidas em zonas de seca, tanto na Mesoamérica como nos Andes (Pacheco, 2011).

O feijão é apontado como uma das primeiras plantas domesticadas nas Américas, datando de 6.000 a 8.000 anos atrás, tanto na Mesoamérica quanto nos Andes Centrais. O seu cultivo estendeu-se a quase todas as populações pré-hispânicas e era uma das principais culturas alimentares, juntamente com o milho, a batata e a mandioca (Escoto, 2014).

Menos de 60 anos após a descoberta da América em 1492, o feijão era amplamente cultivado na Europa Ocidental. A partir daí, espalhou-se para o resto da Europa, Irão, Índia, Médio Oriente e outras partes da Ásia e ÁfricaTapia (2014). Ocupou outras áreas do mundo como os EUA, a Europa e a África tropical e mais tarde o Norte de África e a Ásia, após o que o seu cultivo se tornou cada vez mais importante, espalhando-se por ambos os hemisférios em zonas tropicais, subtropicais e temperadas, devido à adaptação do grande número de variedades e tipos. É, sem dúvida, a espécie mais importante do género Phaseolus (CIAT, 2010).

Cerca de 20 espécies de leguminosas para grão são utilizadas como alimento em quantidades significativas. Nos países africanos, asiáticos e latino-americanos, as leguminosas para grão são utilizadas como fonte de proteínas, "carne de pobre", uma vez que contêm entre 18 e 30 % de proteínas. É a leguminosa mais importante na alimentação dos países da América Central e do Sul e dos países da África Central e Oriental. A América Latina é a maior zona de produção e consumo do mundo, estimando-se que cerca de 30 % sejam originários desta região (Box, 2011). No mundo, o feijão é muito procurado pela população em países como o Brasil, a Índia e os Estados Unidos da América se destacam como grandes produtores mundiais. Nos anos de 2007 a 2014, a produção mundial de feijão foi em torno de 17.803.000 a 20.991.898 toneladas, a área colhida foi de 23.667.767 a 28.189.680 ha, com rendimentos de 0,68 a 0,76 t.ha-1 respetivamente (CIAT, 2010).

2.1.2. Produção e consumo mundiais

É a leguminosa mais importante na dieta dos países da América Central e do Sul e da África Central e Oriental. A América Latina é a maior área de produção e consumo do mundo e estima-se que 30

% provêm desta região. A África é o segundo maior produtor (20 a 25 %), sendo o Uganda, o Quénia, o Ruanda, a Tanzânia e o Burundi os maiores produtores

(Baudoin et al., 2021).

A produção em 2005 foi de 19,91 milhões de toneladas. Os principais produtores foram o Brasil, a Índia, Myanmar, a China, o México, os Estados Unidos e a Indonésia. Os Estados Unidos da América foram o sétimo maior produtor e, entre os 29 países com maior produção mundial, destacam-se dois países da América Central: Nicarágua (n.º 20) e Guatemala (n.º 29). No entanto, o primeiro produz principalmente feijão vermelho, enquanto o segundo produz feijão preto (CIAT, 2014).

Binder (2007) indica que grande parte da produção de leguminosas na América Latina ocorre em sistemas de produção que variam de 1 a 10 hectares, localizados em solos de baixa fertilidade, de modo que cerca de 80% da produção de leguminosas na região é realizada em solos de baixa fertilidade. % é semeada em encostas de montanha.

De acordo com o processo de domesticação múltiplo e independente que a cultura sofreu, os padrões actuais de consumo em termos de tamanho e cor do feijão variam entre os países da América Latina. Assim, o México, a Colômbia, o Equador, o Peru e o Chile são os países que mais procuram o feijão grande; o contrário acontece nos países da América Central, no Brasil e na Venezuela, que preferem o feijão pequeno. Em termos de cor do feijão, a Venezuela e a Guatemala são os únicos países que consomem quase exclusivamente feijão preto, enquanto outros preferem outras cores como: vermelho (Colômbia, Belize, Costa Rica, Salvador, México, Panamá); creme (Chile, Colômbia, México); branco (Chile, México, Peru) e cores diferentes como castanho escuro, vermelho claro, amarelo noutros países (Ayala e Mar, 2014). Os legumes em geral e o feijão em particular são pouco consumidos na Argentina, apenas 0,3 kg/habitante/ano, enquanto noutros países, como o Brasil, o consumo é de 20,1 kg/habitante/ano, o México 12,6 kg/habitante/ano e o México 12,6 kg/habitante/ano. kg/habitante/ano, o Paraguai 24,3 kg/habitante/ano e o

Uruguai 2,3 kg/habitante/ano. O consumo médio "per capita" na América Latina é de 13,3 kg/habitante/ano (FAO, 2015).

Em todo o mundo, a maioria da população recebe uma pequena porção do total de calorias da dieta a partir do feijão comum. No entanto, para a América Latina e África, esta leguminosa representa a terceira e a sexta maior fonte de calorias, respetivamente (Ayala e Mar, 2014).FAOSTAT (2010) destaca a utilização, para consumo seco, do tipo pequeno, preto, opaco, de frente lisa, truncado e ovoide no leste da Venezuela. Outros concordam que a origem desta preferência remonta a tempos longínquos, quando as dispersões de feijão preto da Guatemala avançaram para o interior do Teuantepeque e para a Península de Yucatán, de onde as tribos das Caraíbas o transportaram para Cuba e daí para a Venezuela e se espalharam para o Brasil. Isto envolve a ilha das Caraíbas na sua dispersão no continente.

2.1.3. Receitas a nível mundial

Baudoin et al. (2021) referem que, em condições favoráveis e com a utilização de variedades de elevado rendimento, é possível obter até cerca de 5 $kg.ha^{-1}$; no entanto, a realidade está muito distante, especialmente para os pequenos agricultores, cujos rendimentos são geralmente muito inferiores, com 2,8 $t.ha^{-1}$ relatados para os EUA; África (Moderada) 0,8 $t.ha^{-1}$; América Central e do Sul 1,8 $t.ha^{-1}$; Oceânia, 1,3 $t.ha^{-1}$ e Ásia 1,2 $t.ha^{-1}$. Lee (2001) afirma que o potencial de rendimento do feijão é superior a 3 $kg.ha^{-1}$, mas as médias na América Latina são baixas, em torno de 600 $kg.ha^{-1}$. Isto é influenciado por vários factores, incluindo: condições climáticas variáveis, problemas nutricionais do solo, condições sócio-culturais e económicas dos agricultores, baixa utilização de tecnologias, pragas e doenças, entre outros. Existe uma diferença significativa entre os rendimentos obtidos nos sistemas de cultivo tradicionais e os obtidos nas Estações de Investigação quando são fornecidas as melhores cultivares e as melhores condições de crescimento (Baudoin et al., 2021).

2.1.4. Composição química e valor nutritivo .

O feijão (Phaseolus vulgaris L) é uma importante fonte de proteínas; contém cerca de 20 % de proteínas altamente digeríveis, compostas por aminoácidos essenciais para o metabolismo humano, como a isoleusina, a leusina, a fenilalanina, a metionina e o triptofano. Além disso, pode também ser considerado um alimento com elevado valor energético, uma vez que contém entre 45 e 70 % de hidratos de carbono totais. Também fornece quantidades significativas de minerais (Fandiño, 2009). Por conseguinte, o feijão (Phaseolus vulgaris L.) tem um elevado valor nutricional em comparação com outros alimentos. Tabela 1.

Tabela 1. Valor nutricional do feijão (Phaseolus vulgaris L.).

ALIMENTOS	Água	Caloria (p/100g)	Proteína (%)	Grassa (%)	hidratos de carbono
Feijão	11	341	22.1	1.7	61,4
Soja	8	354	38.0	18.0	31.3
Arroz	13	360	6.7	0,7	78,9
Milho	12	360	9.3	4.0	73,5
Trigo	13	360	6.7	0	78,9
Farinha de mandioca	11	338	3.8	0,6	81,5
Ovos	74	158	13.0	11.0	0,7
leite em pó completo	2.5	498	27,5	2.6	28.0
Carne de vaca	67	198	19.0	13.0	0
Peixe	65	75	16.4	0,5	0

Fonte: Fandiño, (2009) e citado por Pequenino (2018).

Contribui também com efeitos positivos na prevenção e no tratamento de doenças cardiovasculares, diabetes e cancro, tanto pelo seu aporte de micronutrientes (nomeadamente ácido fólico e magnésio) como pelo seu elevado teor em fibras, aminoácidos, enxofre, taninos, fitoestrogénios e aminoácidos não essenciais (Rodríguez, 2006).

É um alimento energético (pois fornece muitas calorias), que fornece proteínas e, em certa medida, também serve como regulador, devido ao seu conteúdo em vitaminas e minerais. Se consumida juntamente com um vegetal rico em metionina, embora pobre em lisina, os dois complementam-se, resultando numa proteína com bom valor biológico (Valdivia, 2010 citado por Tapia, 2014).

2.2. Classificação taxonómica da cultura do feijão.

De acordo com Socorro et al., (2008), esta espécie é classificada como:

Quadro 2. Classificação taxonómica da cultura do feijão.

Reino:	Plantae.
Divisão:	Magnoliophyta.
Classe:	Magnoliopsida.
Subclasse:	Rosidae.
Encomendar:	Fabales.
Família:	Fabaceae.
Subfamília:	Fabáceas.
Tribo:	Fases.
Subtribuição:	Faseolinae.
Género:	Faseolo.
Espécies:	Phaseolus vulgaris L.

São registadas 55 espécies, das quais quatro são cultivadas: P. vulgaris L.; P. coccineus L.; P. lunatus L. e P. acutifolius A.

Nome comum: Feijão

2.3. Caraterísticas caraterísticas morfológicas

✓ Fonte: Hernández (2012), na primeira fase de desenvolvimento, o sistema radicular é formado pela radícula do embrião, que passa a ser a raiz principal ou primária. Após alguns dias da emergência da radícula, é possível observar as raízes secundárias, que se desenvolvem especialmente na parte superior ou colo da raiz principal. As raízes terciárias e outras subdivisões, como os pêlos absorventes, desenvolvem-se nas raízes secundárias, que também se encontram em todos os pontos de crescimento das raízes. Em geral, o sistema radicular é superficial, uma vez que o maior volume de raízes se encontra nos primeiros 20 centímetros de profundidade do solo. Embora a raiz axial seja geralmente distinguível, o sistema radicular tende a ser fibroso em alguns casos, mas com grande variação mesmo dentro da mesma variedade. Como membro da subfamília Papilionoideae, o Phaseolus vulgaris L. apresenta nódulos distribuídos nas raízes laterais da parte superior e central do sistema radicular. A composição do sistema radicular do feijão e o seu tamanho dependem das caraterísticas do solo, como a estrutura, a porosidade, o arejamento, a capacidade de retenção de humidade, a temperatura e o teor de nutrientes.

✓ Fonte: Tapia (2014), O caule pode ser identificado como o eixo central da planta, que é formado pela sucessão de nós e entre nós. Tem origem no meristema apical do embrião da semente. Desde a germinação e nas fases iniciais do desenvolvimento da planta, este meristema tem um ápice grande e no processo de desenvolvimento gera nós. Um nó é o ponto de inserção das folhas ou dos cotilédones no caule. O caule é herbáceo e tem uma secção cilíndrica, devido a pequenas rugas na epiderme.

O caule é o resultado de um processo dinâmico de construção ativa, desde as suas primeiras fases de crescimento, por um conjunto de células localizadas no ápice, denominado meristema apical. Este processo de construção inclui também a formação de outros órgãos dentro e entre os nós.

O caule tem geralmente um diâmetro superior ao dos ramos e pode ser ereto, semi-ereto ou rasteiro, consoante o hábito de crescimento da variedade. A pigmentação do caule é variável, podendo encontrar-se três derivações cromáticas básicas: verde, castanho e vermelho.

✓ Folhas: Araya (2010), as folhas do feijão são de dois tipos, simples e compostas, e estão inseridas nos nós do caule e dos ramos. As folhas primárias são simples e surgem no segundo nó do caule, são formadas na semente durante a embriogénese e caem antes de a planta estar completamente desenvolvida.

As folhas compostas trifolioladas são as mais típicas do feijão, com três folíolos, pecíolo e ráquis. Na inserção das folhas trifoliadas existe um par de estípulas de forma triangular, sempre visíveis.

Inflorescência

Segundo o investigador Camellón (2012), as inflorescências podem ser terminais ou axilares. Do ponto de vista botânico, são consideradas como aglomerados de aglomerados, ou seja, um aglomerado principal composto por aglomerados secundários, que se originam de um complexo de três gemas (tríade floral) que se encontram nas axilas formadas pelas brácteas primárias e pela ráquis. Na inflorescência podem distinguir-se três componentes principais: o eixo da inflorescência formado pelo pedúnculo e pela ráquis, as brácteas primárias e os botões florais.

✓ Flor: Tapia (2014), A flor do feijão é uma flor típica das papilionáceas. No processo de desenvolvimento desta flor, podem distinguir-se duas fases, o botão floral e a flor totalmente aberta.

O botão floral, quer provenha das inserções de um racemo ou do desenvolvimento floral dos botões de uma axila na sua fase inicial, é rodeado por bractéolas de forma oval ou redonda. Na sua fase final, destaca-se a corola, ainda fechada, e as bractéolas cobrem apenas a haste. Quando o fenómeno ocorre antes da abertura da flor.

A morfologia floral do feijão favorece o mecanismo de autopolinização, uma vez que as anteras se encontram ao mesmo nível que o estigma. Quando o pólen é libertado (antese), cai diretamente sobre o estigma.

✓ Fruto: Camellon (2012), O fruto é uma vagem com duas valvas provenientes do ovário comprimido. Como o fruto é uma vagem, esta espécie é classificada como uma leguminosa.

As bainhas podem ser de cores diferentes, uniformes ou estriadas, consoante a variedade. Numa união aparecem duas suturas: a sutura dorsal, chamada sutura placentária, e a sutura ventral. Os óvulos, que são as futuras sementes, alternam-se na sutura placentária.

✓ Semente: Tapia (2014), A semente não tem albúmen, pelo que as reservas nutricionais estão concentradas nos cotilédones. Pode ter várias formas: ovoide, cilíndrica, em forma de rim.

2.4. Hábito de crescimento do feijão

Para o CIAT (2014), de acordo com o seu hábito de crescimento, são classificadas da seguinte forma:

✓ Tipo I. Têm geralmente poucos nós (5 a 10), terminam em inflorescência, são erectas, tendem a ser de semente grande, precoces, com um período de floração curto, baixo potencial de rendimento (embora este possa ser compensado por uma maior densidade de plantas), maturidade mais uniforme, caule forte e espesso, comprimento de vagem relativamente longo, e são geralmente de cozedura suave e suculentas. Estas variedades respondem bem em sulcos de 30 a 60 cm de largura.

✓ Tipo II. São erectas, têm uma pequena guia no caule principal e os ramos não produzem guias, têm maior potencial de rendimento e um maior número de nós 11 a 14 do que o tipo I, são geralmente de vagens e sementes novas, ciclo de vida intermédio a retardado, respondem bem em sulcos de 40 a 70 cm de largura.

✓ Tipo III. Têm um elevado potencial de rendimento, maior número de nós e ramos de 12 a 16, de várias cores e tamanhos de grãos, o seu ciclo vegetativo é intermédio a retardado. Estas variedades respondem bem em sulcos de 60 a 70 cm de largura.

✓ Tipo IV. São geralmente ascendentes, multicolores, com elevado potencial de rendimento, com 14 a 18 nós e, normalmente, com um ciclo retardado de mais de 120 dias. Estas variedades respondem bem em sulcos de 70 a 80 cm de largura.

✓ Tipo V. Ciclo retardado (120 a 160 dias), com 16 a 30 nós, elevado potencial de rendimento, várias cores e tamanhos de sementes, geralmente

Quadro 3. Estádios de desenvolvimento do feijoeiro.

Passos	Código	Nome
Vegetativo	V0	Germinação.
	V1	Emergência.
	V2	Folhas primárias.
	V3	Primeira folha trifoliada.
	V4	Terceira folha trifoliada.
Reprodução	R5	Pré-floração.
	R6	Floração.
	R7	Formação de cápsulas.
	R8	Cheio de vagens.
	R9	Maturação.

Fonte: Camellón, (2012).

Fases da fase vegetativa: nesta fase ocorrem as fases de germinação, emergência e formação de folhas. Fase V0 (Germinação). A semente absorve água e ocorrem os fenómenos de divisão celular e as reacções bioquímicas que libertam os nutrientes dos cotilédones. Logo surge a radícula, que depois se desenvolve em raiz. primária quando sobre ela surgem raízes secundárias; o caule também cresce e os cotilédones estão ao nível do solo.

Fase V1 (Emergência). Começa quando os cotilédones aparecem ao nível do solo. O caule endireita-se e continua a crescer, os cotilédones começam a separar-se e em breve as folhas primárias desenvolvem-se.

Fase V2 (Folhas primárias). Inicia-se quando as folhas primárias da planta se desenvolvem. No cultivo, considera-se que esta fase começa quando 50 % das plantas apresentam esta caraterística. Nesta fase inicia-se o rápido desenvolvimento vegetativo da planta, durante o qual se formam o caule, os ramos e as folhas trifoliadas. Os cotilédones perdem a sua forma, murchando e arqueando.

Fase V3 (Primeira folha trifoliada). Inicia-se quando a planta apresenta a primeira folha trifoliada totalmente aberta. Em cultura, esta fase inicia-se quando 50 % das plantas tiverem desdobrado a primeira folha trifoliada.

Estágio V4 (Terceira folha trifoliada). Este estádio inicia-se com o desenvolvimento da terceira folha trifoliada. Em cultura, este estádio inicia-se quando 50 % das plantas apresentam esta caraterística. A partir desta fase, observam-se claramente diferenças em algumas estruturas vegetativas, como o caule, os ramos e as folhas trifolioladas que se desenvolvem a partir das tríades de gomos. O primeiro ramo começa geralmente a desenvolver-se quando a planta entra no estádio V3.

De acordo com Camellón (2012), as etapas da fase reprodutiva incluem a pré-floração, a floração, a formação de vagens, o crescimento e a maturação das sementes, sendo estas etapas:

► Estádio R5 (Pré-floração). A fase R5 começa com o aparecimento do primeiro botão ou cacho de flores. Em cultura, considera-se que esta fase começa quando 50 % das plantas apresentam esta caraterística. Nas variedades de crescimento determinado, o desenvolvimento dos botões florais verifica-se no último nó do caule ou ramo; nas variedades de crescimento indeterminado, os cachos florais observam-se nos nós inferiores.

► Fase R6 (Floração). A fase R6 começa quando a planta apresenta a primeira flor aberta em cultura, quando 50 % das plantas apresentam esta caraterística. A primeira flor aberta corresponde ao aparecimento do primeiro botão floral. Nas variedades de crescimento determinado, a floração inicia-se no último nó do caule ou dos ramos e continua para baixo, nos nós inferiores. Pelo contrário, nas variedades de crescimento indeterminado, a floração começa na base do caule e prossegue para cima. Uma vez a flor fecundada e aberta, a corola desvanece-se e a vagem começa a crescer.

► Fase R7 (formação de vagens). Na planta, esta fase inicia-se com o aparecimento da primeira vagem com a corola da flor pendente ou destacada e, em condições de cultivo, quando 50 % das plantas apresentam esta caraterística. Durante os primeiros 10 a 15 dias após a floração, regista-se sobretudo um crescimento longitudinal das vagens e um crescimento reduzido das sementes. Quando as vagens atingem o seu tamanho final e peso máximo, inicia-se o crescimento da semente.

► Estádio R8 (crescimento das plântulas). Em cultura, o estádio R8 começa quando 50 % das plantas começam a encher a primeira vagem. Inicia-se então o crescimento ativo da semente. No final deste estádio, os grãos perdem a cor verde e começam a adquirir as caraterísticas da variedade. Nalgumas variedades, as cores das vagens começam a pigmentar, o que ocorre geralmente após o início da pigmentação das sementes.

► Estádio R9 (Maturação). Este estádio é o último da escala de desenvolvimento, em que a cultura atinge a maturidade. Caracteriza-se pela maturação e secagem das vagens. Esta fase inicia-se na cultura quando 50 % das plantas têm pelo menos uma vagem, começa a descoloração e a secagem. A secagem faz com que as vagens percam a sua pigmentação; o teor de água das sementes desce para 15 a 20 %, altura em que adquirem a sua cor típica. Termina assim o ciclo biológico da planta e esta está pronta para ser colhida.

2.5. Trabalhos agronómicos exigidos pela cultura.

► Seleção da área

De preferência em solos planos e evitando zonas baixas com perigo de encharcamento, bem como uma boa drenagem interna e superficial e um pH ótimo: 5,0 a 8,1. Sem a presença de obstáculos (Escoto, 2014).

► Preparação do solo

Com esta cultura, o cultivo visa criar uma camada adequada para a germinação das sementes, com o objetivo de garantir que a planta obtenha condições óptimas para o seu crescimento e desenvolvimento. É necessário que o número de operações de lavoura não seja excessivo para não destruir a composição granular e evitar a compactação (Escoto, 2014).

Entre o início da preparação e a sementeira, deve decorrer um período de tempo para permitir que as ervas daninhas e os resíduos de culturas de colheitas anteriores se componham. Além disso, devem ser removidas duas a três germinações de sementes de infestantes (Araya, 2010).

Na sementeira mecanizada, é necessário remover os obstáculos e nivelar. A lavoura mínima é efectuada sem inverter o prisma quando se utiliza a tração animal. A profundidade da abertura e do resto do trabalho não deve ser inferior a 25 cm. O solo deve ser subsolado a cada três ou quatro anos a uma profundidade não inferior a 40 cm (Ramos, 2014).

► Semeadura

A época de semeadura mais favorável para o cultivo do Phaseolus vulgaris L. é aquela que permite que a colheita coincida com o período de pouca ou nenhuma chuva, para evitar danos aos grãos devido ao excesso de umidade, além de oferecer as condições climáticas para o bom desenvolvimento da cultura (Ramos, 2014).

► Distância de sementeira

Esta distância depende da variedade, do tamanho da semente e da germinação. A distância de sementeira para as variedades de hábito de crescimento determinado, rasteiro e vertical, dos tipos III e II, é de 45 a 70 cm entre linhas e de 5 a 7 cm entre plantas. As variedades com hábito de crescimento determinado do tipo I devem ser semeadas em sulcos duplos de 30 a 60 cm e 7 cm entre plantas. A profundidade de sementeira deve ser de 3 a 5 cm (Araya, 2010).

► Fertilização

O feijão é cultivado em solos com condições físicas e químicas muito variáveis, as deficiências nutricionais podem afetar o desenvolvimento e o rendimento da cultura. As informações disponíveis de diversos autores são variáveis com diferentes variedades e populações (250 a 300 mil plantas.ha^{-1}), a absorção média de nutrientes é de 133,8 - 16,0 - 116,6 kg.ha^{-1} e uma extração e exportação média na semente é de 32,2 - 5,4 - 17,2 kg.t^{-1} de nitrogênio, fósforo e potássio, respetivamente, para atingir o potencial de rendimento das variedades, o fertilizante completo deve ser aplicado no fundo do sulco no momento do plantio (Araya, 2010).

► Irrigação

O feijão necessita de aproximadamente 9 regas (com um padrão claro de 250 m3.ha-1) durante todo o ciclo da cultura, independentemente da variedade e do tipo de solo, devendo o solo manter-se a 80 % da capacidade de campo. O feijão tem 4 fases críticas: germinação, floração, formação da semente e crescimento, onde não deve faltar água para que a produtividade não seja afetada (Ramos, 2014).

► Colheita

A colheita deve ser feita no início do estádio de maturação técnica, quando o grão tem entre 15 e 18 % de humidade. Pode ser efectuada de forma mecanizada ou manual (Araya, 2010).

2.6. Condições edafoclimáticas

Cabrera (2000), afirma que o feijão se desenvolve em climas frios e quentes, e tem variedades trepadeiras e anãs. É cultivado em solos pouco salinos, com um nível médio de pluviosidade. O mesmo autor refere que esta planta é cultivada em locais onde o calor do sol atinge o caule da planta. Embora tolere uma grande variedade de solos, os mais adequados são os solos leves, siliciosos e argilosos, com boa drenagem e ricos em matéria orgânica. Em solos fortemente argilosos, muito calcários e salinos, com pouca vegetação, é muito sensível ao excesso de humidade, pelo que um excesso de rega pode ser suficiente para danificar a cultura, deixando a planta amarelada e pequena. Ayala e Mar (2014), mencionam que o cultivo do feijão requer solos férteis, com bom teor de matéria orgânica, as texturas de solo mais adequadas são: moderadamente pesado, boa aeração e drenagem, pois é uma cultura que não tolera solos compactos, com pouca aeração e acúmulo de água.

Hernández (2012), indica que os valores óptimos de pH variam entre 6,0 e 7,5, embora em solos arenosos se dê bem com valores até 8,5. Se o solo for leve e arenoso, adicionar bastante turfa húmida, adubo ou estrume curtido. Se a drenagem não for boa, formar-se-á um montículo e as sementes formar-se-ão por cima. Se o solo for muito ácido, adicione cal. Os factores climáticos, como a temperatura e a luminosidade, não são fáceis de controlar, mas é possível controlá-los, recorrendo a práticas culturais, como a sementeira em épocas adequadas, para que a cultura tenha condições favoráveis (Hernández, 2012). O Centro de Investigaciones Agrícolas Tropicales (CIAT), (2010), afirma que a água é essencial para o desenvolvimento e rendimento das culturas. Existem linhas e variedades que apresentam uma boa tolerância às carências hídricas, dando rendimentos aceitáveis nestas condições, tolerância essa que pode ser suportada pela maior capacidade de extração de água das camadas profundas do solo.

Arias et al. (2009) afirmam que o papel mais importante da luz é na fotossíntese, mas também afecta a fenologia e a morfologia das plantas. O feijão é uma espécie de dias curtos, os dias longos tendem a causar atrasos na floração e na maturação. Por cada hora adicional de luz por dia, a maturação pode ser atrasada de dois a seis dias.

As variáveis meteorológicas podem ser muito variáveis, tanto na forma como se manifestam como nas suas magnitudes, o que torna difícil a sua gestão e utilização adequadas. Por isso, é necessário, tendo em conta as necessidades da planta em termos de condições climáticas, saber combiná-las com o seu impacto no tempo, para que actuem favoravelmente. Para tal, é necessário conhecer o comportamento do clima na zona, para o ajustar à época de sementeira, de modo a que não se verifiquem condições climáticas adversas (Socorro et al., 2008 citado por Camellón, 2012). A forma como as variáveis meteorológicas se apresentam exige o estabelecimento de previsões baseadas em dados históricos acumulados, especialmente a incidência de chuvas, temperaturas altas ou baixas e ventos (Escoto, 2014).

► Temperatura

Socorro et al. (2008) afirmam que a temperatura óptima para o desenvolvimento das plantas é de 24 a 25 ºC, embora para cada fase de desenvolvimento existam intervalos de temperatura óptima, valores máximos e mínimos. A gama de temperaturas óptimas para a cultura do feijão durante a germinação é de um mínimo de 8 ºC, o ótimo é de 24 a 25 ºC e o máximo é de 30 ºC, para a floração a temperatura mínima é de 15 ºC, a óptima é de 22 a 25 ºC e a máxima é de 30 a 35 ºC, para a maturação o mínimo é de 18 ºC, o ótimo é de 22 a 26 ºC e a temperatura máxima é de 26 a 30 ºC. Durante o desenvolvimento vegetativo da planta, a temperatura regula os processos de respiração, fotossíntese e absorção de nutrientes.

► Socorro et al., (2008) e chamado por Escoto, (2014)

A humidade relativa que envolve o feijoeiro pode influenciar direta ou indiretamente o seu desenvolvimento, diretamente sobre as funções fisiológicas desempenhadas pela planta, como a transpiração, a respiração e a fotossíntese. Uma humidade relativa de 70 % é considerada adequada para o bom desenvolvimento do feijoeiro. A humidade do solo também pode ter uma influência positiva ou negativa no desenvolvimento da cultura. As necessidades hídricas do feijão são baixas, pelo que a acumulação de excesso de humidade no solo, resultante de chuvas intensas e mal distribuídas ou de regas excessivas, especialmente em solos com dificuldades de drenagem, provoca alterações significativas no desenvolvimento do sistema radicular e no resto da planta. Recorde-se que o sistema radicular do feijão é subdesenvolvido e, por isso, necessita de poder desenvolver-se o mais possível. Por conseguinte, os solos que, devido às suas caraterísticas, retêm muita humidade não são os mais adequados para esta cultura. No entanto, quando se semeia feijão nos meses secos do ano, a rega torna-se essencial para garantir as necessidades hídricas da cultura.

► Luz.Socorro et al., (2008) e designado por Camellón, (2012)

Socorro et al. (2008) afirmam que a luz é uma variável meteorológica com implicações particulares na produtividade do feijão. Sabe-se que a sua ação condiciona o crescimento e o desenvolvimento das plantas, fornecendo a fonte de energia para os fenómenos fotoquímicos que regulam os processos fisiológicos da planta. No entanto, é difícil determinar o seu efeito na planta de forma isolada devido à sua estreita relação com outros factores como a temperatura e a humidade. A ação da luz no feijoeiro pode ser estimada com base na quantidade de luz recebida (que depende diretamente da duração do dia e da radiação efectiva) e na sua qualidade (que depende do tipo de radiação).

O feijão é uma cultura de dias curtos, pelo que a floração é favorecida por fotoperíodos inferiores a 12 horas com longos períodos de escuridão, o que ocorre em Angola a partir de maio. Por outro lado, é possível observar tendências na planta para um crescimento contínuo com o aparecimento de uma inconstância quando cresce em condições de iluminação prolongada, causando limitações na fase reprodutiva. Esta circunstância faz com que a floração se reduza progressivamente se o ciclo se alongar e houver mais desenvolvimento foliar. No entanto, as diferenças entre a duração máxima e mínima do dia na nossa latitude não parecem ser suficientemente acentuadas para inibir completamente a floração, embora possam afectá-la.

► ventos

Os ventos têm uma influência negativa quando ocorrem a velocidades elevadas, pois a planta tem um grande volume foliar, aumenta a taxa de transpiração e, por isso, nem sempre consegue compensar bem a dessecação que ocorre nas folhas devido às limitações do sistema radicular (Socorro et al., 2008).

2.7. Caraterísticas de desempenho e respectivos componentes .

O rendimento do feijão é composto por: número de inflorescências (cachos) por planta, número de vagens por cacho, número de sementes por vagem, sendo o peso das sementes, por sua vez, determinado pelas suas componentes, comprimento e largura. Nas leguminosas, as propriedades das vagens desempenham um papel importante. A hereditariedade do rendimento em geral é baixa ou semelhante à de outros componentes do rendimento (Camellón, 2012).

2.8. Principais pragas do feijão. Caraterísticas (Martínez et al., 2007)

✓ Empoascapp (escaravelho)

Apresenta seis manchas brancas na cabeça e no tórax. As plantas atacadas adquirem uma cor verde profunda e as suas folhas enrolam-se fortemente.

✓ Bemisiaspp (mosca branca)

A mosca branca é uma das pragas mais importantes a nível mundial. A importância económica deste inseto deve-se à sua ampla distribuição geográfica nas zonas tropicais, subtropicais e temperadas do mundo, ao grande número de espécies cultivadas que afecta e ao grande número de plantas silvestres que ataca. Os adultos e as ninfas deste inseto sugam a seiva do floema. Trata-se de um dano direto que reduz o rendimento. A produção de secreções açucaradas pelos adultos e ninfas afecta indiretamente a produção, pois favorece o desenvolvimento de fungos que interferem com a fotossíntese.

As larvas possuem patas rudimentares que servem para se fixarem na face inferior das folhas onde permanecem até à fase de pupa. O adulto é de cor branca e aparece nos primeiros dias após a sementeira da cultura, aumentando até à fase de floração. É o principal vetor do vírus do mosaico dourado do feijão, uma doença que reduz consideravelmente o rendimento.

✓ Polyphago tarsonemuslatus (ácaro branco)

Os sintomas são mais visíveis nas folhas jovens, que se tornam roxas na parte de trás e, por vezes, amarelo-escuras. Os primeiros sintomas são observados como um enrolamento dos nervos nas folhas e nos rebentos apicais, com curvaturas nas folhas mais desenvolvidas. Em ataques mais avançados, ocorre o nanismo e a coloração verde intensa das plantas, o aborto de flores e um endurecimento geral dos órgãos vegetativos das plantas. É um ácaro muito pequeno e só pode ser observado com o auxílio de uma boa lupa ou estereoscópio (Travuco et al., 2016).

Na fase adulta são de cor verde clara, a parte inferior das folhas torna-se roxa, quando a doença é mais antiga as folhas podem tornar-se amarelas escuras.

✓ Diabroticabalteata (crisomelídeo comum)

As larvas alimentam-se exclusivamente de raízes e tubérculos, reduzindo o vigor da planta. A sua produção tem um impacto direto na qualidade dos produtos de certas culturas, como a batata-doce. Os adultos são particularmente prejudiciais para as plantas pequenas e comem completamente os cotilédones. Nas plantas adultas, embora os danos diretos sejam limitados, podem causar problemas graves, nomeadamente através da transmissão de doenças (López, 2014).

✓ Cerotomaruficornis Olivier (crisomelídeo do feijão comum). Sinónimo: Andrectorruficornis

Os adultos alimentam-se da folhagem, perfuram as folhas e provocam uma redução da área foliar. Os maiores efeitos são observados nos primeiros estádios fenológicos da cultura, embora afecte quase todo o ciclo da cultura. Esta praga é um vetor da lesma manchada de amarelo (BYSV) e do vírus do mosaico do feijão-frade (CPMV) (López, 2014).

✓ Uromycesphasioli (feijão frade)

Pequenas manchas brancas a castanho-avermelhadas, de tamanho variável entre 1 e 2 mm, com um grande número de esporões, aparecem nas folhas, bainhas e, por vezes, nos caules e ramos.

✓ Colletotrichum lindemuthianum (Antracnose)

Nas folhas, inicialmente na face inferior, observam-se lesões castanho-avermelhadas a negras ao longo das nervuras que podem evoluir para cancros, que podem coalescer e formar zonas neuróticas no bordo. Os pecíolos, os ramos, os caules, os cotilédones e as vagens podem ser atacados. As lesões são pequenas, deprimidas, castanhas, muitas vezes cobertas por massas de esporões.

✓ Xanthomonas campestripv. Phasioli (bacteriose comum)

Nas folhas, encontram-se pequenas manchas húmidas no dorso das folhas, que aumentam irregularmente e coalescem. As partes infectadas tornam-se flácidas, de cor castanha e podem estar rodeadas por um fio amarelo. Nas vagens, as manchas húmidas tornam-se gradualmente de cor escura a avermelhada e estão ligeiramente deprimidas.

✓ RhizoctoniasolaniKuhn (fase assexuada), Thanatephorus cucumeris (Frank) (fase sexual).

T. cucumeris ataca principalmente folhas, caules, ramos e vagens em qualquer fase de desenvolvimento; não causa danos nas raízes. Os primeiros sintomas que aparecem nas folhas são geralmente causados por salpicos de esclerócios e micélio (fase assexuada). Outro tipo de lesão, neste caso provocada por basídios esporulados (fase sexual).

✓ Mosaico do feijão comum (vírus da necrose do mosaico do feijão comum, vírus da necrose do mosaico do feijão comum, vírus da necrose do mosaico do feijão comum, vírus da necrose do mosaico do feijão comum).
feijão - BCMNV)

O principal sintoma do mosaico comum é a necrose radicular (raiz negra), embora possa variar consoante as temperaturas ambientais e o genótipo da espécie. Em geral, apresenta-se como um mosaico verde (manchas verde-claras alternadas com verde-escuras) e vira as folhas ao contrário. Também podem aparecer folhas deformadas na mesma planta.

Em geral, o desenvolvimento de plantas com poucas e pequenas vagens, que são cobertas com pequenas manchas verdes escuras, é reduzido. Estes sintomas podem ser facilmente confundidos com o Mosaico do Pepino (CMV), mas diferem pelo facto de serem transitivos no CMV e permanentes no BCMNV.

✓ Mosaico dourado do feijão (BGMV)

Agente transmissor: Mosca branca (Bemisiaspp)

As plantas jovens apresentam sintomas nas primeiras folhas trifoliadas, com as nervuras a tornarem-se amarelo claro. Este processo começa geralmente no meio da folha, perto da ponta. Ao fim de três a cinco dias, esta nervura estende-se até cobrir uma grande parte da folha, contrastando com as zonas interveinais verde-escuras.

✓ Mosaico amarelo (Bean yellow mosaic virus BYMV)

Os sintomas desta doença podem variar em função da espécie, da estirpe do vírus e da fenologia da planta no momento da infestação, bem como de factores ambientais. Os sintomas consistem geralmente na coloração das folhas e das nervuras, num aspeto de mosaico, bem como em deformações foliares e no atrofiamento de pequenas plantas.

✓ Erysiphebetae (oídio)

Os sintomas aparecem primeiro nas folhas, começando pelas mais velhas e mais tarde nas vagens e nos caules. Aparecem como manchas brancas, de aspeto pulverulento, na superfície da folha. O tecido por baixo destas manchas brancas muda de cor devido à ação do fungo, tornando-se castanho-púrpura. Em caso de ataques graves, toda a superfície da folha pode ser afetada. Os tecidos tornam-se necróticos e as folhas sofrem um processo de envelhecimento prematuro até morrerem.

De acordo com Vázquez (2008), as partes da planta onde o ataque de pragas é mostrado nas tabelas 4 e 5.

Quadro 4. Partes da planta onde se concentra o ataque das principais pragas.

Pragas	Proveniência	Folhas	Fruta
Ferrugem do feijão		desconhecido	desconhecido
antracnose	desconhecido	desconhecido	desconhecido
míldio empoeirado		desconhecido	
Crisomelídeos		desconhecido	
mosca branca		desconhecido	
folhas saltitantes		desconhecido	
ácaro branco		desconhecido	

Fonte: Vázquez, (2008) citado por Pequenino, (2018).

Quadro 5. Ervas daninhas predominantes na cultura do feijão.

nome científico	ciclo vegetativo	Forma de propagação	Caraterísticas
Amarantus dubius Mart.	Perene	Para sementes	Fortemente agressivo e muito competitivo.
Cyperusrotundus L.	Perene	Para sementes	Causa danos no primeiro estados.
Echinocloa colona L.	Anual	Para sementes	É um invasor poderoso.
Eufórbia heterophylla L	Anual	Para sementes	É muito agressivo e forte.
Portulaca olearaceae L.	Anual	Por semente e partes do caule.	Propagação fácil
Sorghum pense Sibthorp.	Perene	Por semente e porções do caule.	É mais prejudicial.

Fonte: Franco et al., (2014).

Franco et al., (2014) incluem, além das pragas, uma série de plantas indesejáveis que causam danos à cultura do feijão, entre elas as mencionadas na Tabela 4.

2.9. Medidas de controlo das pragas

O controlo das pragas pode ser preventivo ou curativo; o primeiro tem lugar antes do ataque dos agentes patogénicos; e o segundo é quando a cultura já está afetada (Almaguel, 2002). Tendo em conta os danos que as pragas e doenças podem causar no rendimento das culturas e na qualidade dos produtos, bem como na deterioração e crescimento da flora da entidade, este fenómeno deve ser considerado como de baixa intensidade, quando afecta uma área e um determinado tipo de cultura, que pode ser controlado quase imediatamente; de média intensidade, quando o risco e os danos causados são inaceitáveis, afectando significativamente a produção; e de alta intensidade, quando os seus efeitos são altamente destrutivos e alteram seriamente o ambiente, gerando uma situação de risco gradual e iminente para a população (García et al., 2009). A gestão de pragas refere-se à redução das pragas a níveis aceitáveis para o agricultor, mas não implica necessariamente a sua eliminação absoluta. Embora se sugira a utilização mínima de pesticidas, esta alternativa não é excluída, quando a situação o justifica. Isto significa que há situações em que a aplicação de um produto químico é a medida mais lógica e valiosa, desde que essa decisão seja tomada tendo em conta critérios ecológicos, socioeconómicos e ambientais em geral (Almaguel, 2002).

Muitos organismos têm um enorme poder de reprodução e desenvolver-se-iam rapidamente se não existisse um mecanismo de controlo natural que os mantivesse a um determinado nível sem intervenção humana direta. Ao conceber medidas de gestão, é sempre importante conhecer a regulação natural das pragas (controlo natural), uma vez que este é um fator muito importante e que, muitas vezes, determina se um organismo atinge ou não o estatuto de praga (Hernández, 2012). O controlo natural consiste na ação colectiva de factores ambientais físicos e bióticos que mantêm a praga num determinado nível oscilante durante um período de tempo. Dentro dos componentes do controlo natural, os factores climáticos (chuva, temperatura, vento) e os inimigos naturais (parasitas, predadores e agentes patogénicos) desempenham um papel importante. Por conseguinte, as nossas acções de controlo aplicadas devem ter como objetivo tirar partido destes factores de controlo de pragas (Hernández, 2012).

2.10 Fertilizantes orgânicos nas culturas

Yalta (2001) no trabalho "Efeito da cobertura morta com incorporação de esterco de galinha no rendimento da cultura do repolho (Brassicaoleracea, Var. Capitata alvorada L.), conclui que o rendimento mais importante obtido entre as coberturas utilizadas (folhas de goiaba, cone de arroz, folhas de kudzu, serragem), foi com folhas de goiaba; com este tratamento foi obtido um rendimento de cabeça / ha de 35,33 t.ha-1. García (2013) na tese "Dosagem de subsídio de cama macia (semeadura + cone de arroz) e seu efeito no rendimento de folhas de repolho (Brassicaoleracea L.), Var. Tropical Delight em Fundo Zungarococha", conclui que o rendimento máximo obtido de Brassicaoleracea L., Var. Tropical Delight "couve", foi no tratamento T4 (9 kg de folhada/m^2) com 36, 720 $t.ha^{-1}$ e o mínimo foi o tratamento T1 (3 kg de folhada/m^2) com 29, 940 t. .ha .$^{-1}$

Torres (2012), na tese "Métodos de semeadura e cobertura, sua influência nas caraterísticas agronômicas e rendimento em Brassicaoleracea L. "repolho", Var. Capitata alvarada, híbrido Tropical Delight em Nina Rumi - San Juan Batista, conclui que o tratamento T2 (fileira única com cobertura orgânica) obteve um peso de repolho de 1,77 kg e o tratamento T1 (fileira única + cobertura sintética) obteve um rendimento de 1,53 kg de peso de repolho.

Zagaceta (2001), na tese "Efeito da distância de sementeira na cultura da couve Brassicaoleracea, Var. Capitata alvarada L. com aplicações de estrume de aves", conclui que a distância de 60 cm entre linhas e 30 cm entre plantas dá o melhor rendimento, com 42,570 $t.ha^{-1}$.

Chujutalli (2008), no trabalho "Influência da aplicação de Biol e seus efeitos no rendimento de Brassicaoleracea L. "repolho, Var. Tropical Delight em Zungarococha", conclui que o rendimento máximo obtido em Brassicaoleracea L. Var. "Cabbage" Tropical Delight, foi no tratamento T1 (Biol com uma frequência de 3 dias), que obteve um rendimento de 40.400 t.ha .$^{-1}$ Jaramillo e Leyva (2002) referem que durante o processo de decomposição da matéria orgânica, formam-se ácidos orgânicos e inorgânicos, que influenciam a acidez dos solos; ao mesmo tempo, mostram que os ácidos sulfúrico e nítrico são formados não só pelo processo de degradação orgânica, mas também pela ação microbiana sobre certos fertilizantes como o enxofre e o sulfato de amónio, especificamente este último. Camagro (2005), afirma que, no decurso do seu desenvolvimento, uma planta consome uma certa quantidade de determinados elementos que varia consoante a espécie e que deve ser reposta sob a forma de factores de produção, em função da natureza do solo e das necessidades da cultura. Os adubos orgânicos também são considerados como corretivos, pois corrigem as propriedades físicas; fornecem quantidades consideráveis de elementos nutritivos, produzindo alterações químicas no solo. IMPULSEMILLAS (2007) menciona que a matéria orgânica do solo é derivada dos restos de plantas e animais mortos e de organismos mortos no solo. Assim, os compostos relativos são aqueles que faziam parte das redes vivas, os hidratos de carbono e substâncias afins, os lípidos e as proteínas. Em geral, estes compostos são oxidados até ao fim ou convertidos em húmus.

2.10.1. Fertilização e rendimento das culturas.

Babilônia e Reátegui (1994) plantam que inicialmente é necessário o uso de 5 kg. de guano de curral (galinaza) por m2, misturar bem e deixar em repouso por uma semana, tempo decorrido e 30 horas antes do plantio, deve-se adicionar um adubo completo (NPK) na proporção de 54 g de Uréia, 27 g de Fosfato triplo, 50 g de Cloreto de Potássio, mas 10 g. de calcário (vivo ou preparado) e 5 g de Magboro por m2.

O Ministério da Agricultura (1997) indica que o rendimento das folhas de couve no Peru, por ordem de mérito, corresponde às seguintes regiões: Lima com 19.572 $kg.ha^{-1}$; Arequipa com 16.610 $t.ha^{-1}$ e Andrés Avelino Cáceres (Huánuco, Pasco, Junín) com 14.318 $t.ha^{-1}$, a região de Loreto acumula 4.318 $t.ha^{-1}$; Além disso, a mesma publicação menciona que a área cultivada este ano em Lima com 1181 ha, Chavín com 552 ha, Andrés Avelino Cáceres com 518 ha e Arequipa com 433 ha.

A este respeito, Pinchi (1999) afirma que utilizando galinhas poedeiras a uma taxa de 5 kg/m^2 , 8 dias antes da transplantação e aplicando NPK após 30 dias a uma taxa de 7,5 g de mistura/planta, foram obtidos 19.080,00 $kg.ha^{-1}$. com o rendimento Tropical Delight.

Segundo Jercy (1996), as necessidades de azoto (N) são de 100 a 225 $t.ha^{-1}$, distribuídas em uma a três aplicações, em faixas de ambos os lados do sulco, antes do início da formação da cabeça. Recomendam-se doses baixas quando a couve foi plantada após uma cultura muito fertilizada, em solos argilosos ou quando as condições ambientais favorecem o crescimento acelerado da cultura. O mesmo autor faz referência a este facto no caso do fósforo (P). Em solos pobres neste nutriente (menos de 15 ppm), recomenda-se 225-280 $t.ha^{-1}$ de P2O5. Em solos médios (15-30 ppm), 170-225 $kg.ha^{-1}$ são aplicados da mesma forma. Para os solos com bom teor de fósforo (+30 ppm), pode ser efectuada uma fertilização de 90 $kg.ha^{-1}$, no máximo. E no caso do potássio (K). Nos solos que requerem a aplicação deste nutriente, aconselha-se a utilização de uma dose de 110-220 $t.ha^{-1}$ de K2O e a aplicação deve ser feita por volley para o incorporar no solo antes de espalhar as camas.

2.10.2. Fertilizantes orgânicos. estrume animal

Sobre o empréstimo Galvão (2013) afirma que o estrume é um fertilizante muito importante e poderia resolver com sucesso o problema até recentemente do azoto, que é o elemento que mais se perde durante a queima.

Gratelly (1992) afirma também que o estrume melhora a agregação do solo, torna o solo mais absorvente da água da chuva, melhora a drenagem e forma uma camada superficial de húmus que reduz a ação erosiva da chuva.

Por outro lado, Gutiérrez (1994) afirma que se deve prestar muita atenção à utilização combinada de estrumes e fertilizantes orgânicos para aumentar a produção agrícola e manter a fertilidade do solo. Da mesma forma, afirma que o estrume é utilizado principalmente em pastagens, jardins, pomares, mas não há dúvida de que, se for enriquecido com fertilizantes minerais, pode ser utilizado para o cultivo intensivo de cereais e tubérculos, além da vantagem da ação da matéria orgânica fresca é o aumento do húmus no solo.

Por outro lado, segundo Valadez (1996), as contribuições do estrume, independentemente da sua ação benéfica como emenda orgânica, colocam à disposição da cultura elementos fertilizantes que se libertam lentamente e que as culturas aproveitam em anos sucessivos pela espécie animal. de onde provêm e também pelo grau de humidade, tempo de processamento, forma de apresentação. Outros que se referiram à diérese foram Arteaga e Pumalpa (1992) que afirmam que o teor de nutrientes do estrume tende a flutuar muito em função do tipo de animal de que provém, da forragem que recebe e da manutenção que proporciona.

Syngenta (2007) também indica que o estrume feito de estrume de gado é o mais importante dos fertilizantes orgânicos, porque todas as substâncias orgânicas no estrume são transformadas em húmus e isto melhora as propriedades físicas do solo, tornando-o macio e hidroscópico.

A FAO (1979) indica que estudos realizados em países asiáticos indicam que o estrume animal é um bom fertilizante e é utilizado diretamente em áreas intensivamente cultivadas e em culturas hortícolas. Também aumenta o rendimento das culturas e melhora a estrutura do solo. Em laboratório, verificou-se que o estrume reduz a concentração de iões Al e Fe na solução revista, possivelmente devido à relação entre estes compostos.

Hernandez e Chailloux (2001) referem que a utilização de estrume, gramíneas e leguminosas em rotações é também vantajosa no controlo de doenças e nemátodos; isto porque aumenta a penetração da água através dos resíduos vegetais e também melhora a estrutura do solo, de modo a que não haja obstruções à drenagem. A utilização generalizada de estrume animal e de outros materiais orgânicos contribuirá, sem dúvida, para a ausência de deficiências elementares em muitos países, para não falar da preservação da estrutura do solo ao longo de muitos anos de cultivo.

2.10.3. Fertilizantes orgânicos. estrume de caprinos

É um dos adubos mais activos e mais quentes que os outros adubos, o que o torna vantajoso para os solos fortes e frios, que favorece ao dissecá-los. Devido à sua natureza e à quantidade utilizada na sua formação, tem uma grande influência na sua ação sobre o solo (Borrero, 2005).

O seu efeito é mais imediato. As culturas fertilizadas com estrume de cabra são muito susceptíveis de se tornarem viciantes; isto depende mais do estado do animal. Por exemplo, a cevada fertilizada com estrume de cabra castrada produz menos amido e os seus grãos germinam de forma irregular (Cossanga, 2000).

De acordo com os estudos de Speck (2012), a terra fertilizada com estrume de cabras castradas é geralmente recomendada; desta forma, os excrementos de cabra estão menos expostos à humidade e as partículas voláteis que são libertadas são fixadas no solo em vez de se perderem.

Segundo Flores (2012), a matéria orgânica proveniente das cabras é uma boa maneira de fornecer aos campos, bem como aos prados, um fertilizante de ação forte e rápida, cujos efeitos são particularmente eficazes sobre os cereais e outras culturas económicas. importância. A fertilização também pode ser feita muito depois da sementeira, se o solo ainda não estiver pronto para a sementeira. não for demasiado compacto e não estiver demasiado húmido. Esta é uma excelente maneira de fortalecer as plantas jovens quando estão fracas e doentes. Nos solos arenosos, o rebanho trabalha não só através do estrume, mas também através das pegadas, o que garantirá mais corpo ao solo. A utilidade desta prática é de tal modo reconhecida nas Ardenas que as pessoas já não têm receio de apascentar o gado em terras semeadas, quando as circunstâncias o permitem. Quando o rebanho trabalha em terras ainda não semeadas, é necessário cobrir sem demora o estrume das cabras com uma charrua pouco profunda. Quanto mais calor faz, mais pressa é necessária (Tortosa et al., 2012).

Caracterização agroquímica do estrume de caprinos.

Parâmetros	Valor
Humidade (%)	38,5
pH	8.5
Condutividade eléctrica (dS m-1)	11.33
Matéria orgânica (%)	45,6
Azoto total (TN) (g.kg)-1	17.7
Relação C/N	14.3
Fósforo (P) (g.kg)-1	2.2
Potássio (K) (g.kg)-1	16.6
Cálcio (Ca) (g.kg)-1	11.9
Magnésio (Mg) (g.kg)-1	18.7

Fonte: Tortosa et al., (2012)

III. MATERIAIS E MÉTODOS

3.1. Localização da experiência

O estudo experimental foi realizado nos meses entre fevereiro e junho de 2023, na mina Cristiano Shafodino na localidade de Caxilla III. Pertencente ao município do Cuanhama, localizado na província de Ondjiva. A pesquisa consistiu na avaliação de variedades de feijão (Phaseolus vulgaris, L.) à espera de coinado, plantado num solo semi-árido, as principais caraterísticas dos solos deste pomar são representativas das áreas em que esta cultura é desenvolvida na província.

✓ Os feijões esperam o cunhado

Ciclo de vida: 80 dias; hábito de crescimento: Tipo II; vagens por planta: 23; massa de 100 sementes: 40 g; altura da planta: 65 cm; cor do grão: rosa creme; tamanho do grão: médio; rendimento em kg.ha^{-1} : 1300,38; número de vagens por planta: 23; entre nós: 12. A área experimental está localizada a uma altitude de 1100 metros acima do nível médio do mar, de acordo com a folha nº 422 da Tabela 1:100.000 do Instituto Geofigurae Cartofigurade Angola, (IGCA) 2008; Carta Natal/Ciudades/Angola, 2012). O feijão é um dos alimentos mais apreciados pelos angolanos. O feijão, nas suas várias formas e tipos, é uma leguminosa super-poderosa para a nossa dieta.

BenefíciosOs feijões aguardam o cunhado

• Vitaminas do complexo B, nomeadamente as vitaminas B1, B2, B3 e B9;

• A lisina, um aminoácido que não é produzido pelo organismo e que deve ser incluído na dieta. É um dos principais responsáveis pelo crescimento ósseo durante a puberdade;

• Para além dos seguintes minerais: Cálcio; Cobre; Ferro; Flúor; Fósforo; Magnésio; Potássio; Zinco.

• Nutritivo e fácil de manusear na cozinha, o feijão é um alimento que pode ser consumido de diversas formas. Seja com arroz, em farofas, saladas, como caldo ou na tradicional feijoada, os pratos que levam feijão são saborosos e ricos em substâncias muito importantes para o organismo.

3.2. Condições climáticas

O clima que caracteriza a região é tropical seco, megatérmico, com precipitação irregular nos meses de fevereiro a junho, não excedendo 600 mm por ano de forma irregular, com uma humidade relativa média inferior a 50 %. As condições climáticas da área experimental correspondem a uma zona ecológica com pouca vegetação de árvores e arbustos tropicais semi-áridos, 35,2 % de humidade relativa, 15,54 ºC de temperatura mínima e 33,35 ºC de temperatura máxima.

O clima predominante na região é quente e seco, com um período de chuvas de novembro a março. A precipitação foi nula nos meses da experiência (ver Anexo 1 para os dados climáticos de acordo com os trimestres do ano e os meses da experiência).

3.3. Conceção experimental

Seguiu-se um delineamento experimental de Blocos Aleatórios, a plantação foi efectuada em parcelas independentes para cada tratamento e três repetições para cada um deles, perfazendo um total de dezoito parcelas, tendo sido concebido um sistema de amostragem para as variáveis em estudo que permitiu a análise estatística dos dados, o tratamento e a discriminação das variantes mais promissoras para as condições locais.

As parcelas foram espaçadas de 0,50 m. As parcelas tinham 2,5 m de comprimento e 2,5 m de largura, a distância entre linhas era de 0,60 m, a distância entre plantas era de 0,25 m com 40 plantas por parcela. A forma como as parcelas foram colocadas durante a experiência para avaliar a resposta da agro-produtividade de diferentes doses de fertilizante orgânico (estrume de gado) e os diferentes tratamentos são mostrados na tabela 7.

Quadro 7. Tratamento experimental e doses utilizadas

Abreviatura	Tratamento	Dose
T1	Variedade de feijão	5 kg.m-2
	(Phaseolus vulgaris,	
T2	L.) "à espera do meu	10 kg.m-2
T3	cunhado "com diferentes	30 kg.m-2
T4	dosagem de fertilizantes orgânicos	Sim implementação.
(Testemunha)	(estrume de animais).	

3.4. Ofertas

Todos os tratamentos tinham o mesmo número de plantas, com a mesma variedade de feijão, mas com diferentes doses de fertilizante orgânico. Para investigar cada parcela experimental, foram escolhidos os sulcos centrais.

3.5. Gestão das experiências

3.5.1. Preparação do solo

O solo foi preparado um mês antes da sementeira, a fim de proporcionar um local de sementeira que permitisse um desenvolvimento rápido das plantas; foi utilizado estrume de cabra no fundo dos sulcos e, uma semana antes da sementeira, o solo foi arado a 20-25 cm de profundidade, seguido de uma gradagem para obter um bom esmagamento do solo.

3.6. Semeadura e cuidados culturais.

As sementes para a produção de feijão foram adquiridas no mercado de Shomocuyo, são fáceis de germinar devido à sua cobertura permeável, com um poder germinativo de 95 %. A sementeira foi realizada no dia 25 de fevereiro de 2023, a uma profundidade três vezes superior ao diâmetro da semente, de modo a permitir a fácil germinação da semente. controlo de infestantes A monda foi realizada de forma contínua com um intervalo de 30 dias, assegurando que o solo estivesse livre desta praga, de modo a evitar danos nas plantas durante o seu desenvolvimento. Adubação A aplicação de esterco caprino foi realizada sete dias antes da semeadura diretamente no solo, manualmente, no fundo do sulco, com a aplicação de uma dose de: cinco, dez e três $kg.ha^{-1}$ respetivamente para os tratamentos.

Irrigação

A rega foi efectuada pelo sistema de rega direta, com o auxílio de uma mangueira ligada a uma bomba eléctrica, em períodos alternados, por sulco, com uma aplicação três vezes por semana no primeiro período e, posteriormente, reduzida para duas vezes por semana.

3.7. Variáveis analisadas

A avaliação de campo foi realizada nos dois primeiros meses após a semeadura, avaliando o crescimento das plantas, onde foram retiradas amostras das parcelas experimentais e medidas as seguintes variáveis (anexo 2):

a) Altura da planta (cm): O comprimento do caule principal foi avaliado com uma fita métrica em cm, considerando a medida do nível do solo até o ápice do caule. Foram utilizadas 24 plantas por parcela para obtenção da média da variável em (cm), que foram marcadas após a germinação.

b) Diâmetro do caule (mm): O nível do colo da raiz foi medido a partir de 24 plantas com um calibre graduado em milímetros (mm).

c) Número de folhas por planta (u): Avaliado pela contagem e observação visual das folhas de 24 plantas por parcela.

d) Número de vagens por planta (u): Foi avaliado por observação visual, contando as vagens de 24 plantas por parcela, que foram marcadas após a germinação para obter as médias das variáveis em unidades (u).

e) Comprimento das vagens (cm): Avaliado em 40 vagens por parcela por contagem de observação visual em cada colheita, medida com régua de 30 cm).

f) Peso de 100 cimentos (g): Foi pesada uma amostra por parcela utilizando uma balança eletrónica Ciatronic kw 3412 com uma capacidade máxima de (50 kg).

g) Rendimento líquido por parcela kg.ha $.^{-1}$

IV. RESULTADOS E DISCUSSÃO

Os principais resultados obtidos na pesquisa são apresentados na forma de figuras e tabelas, que demonstram as variações dos aspectos estudados em cada um dos tratamentos.

4.1. Comportamento das variáveis de crescimento

4.1.1. Análise da altura das plantas (cm)

O crescimento das plantas e a consequente acumulação de matéria seca estão diretamente relacionados com a absorção contínua de nutrientes minerais, o que só ocorre se o tamanho da planta aumentar. Ao analisar o comportamento da variável de crescimento altura da planta, observam-se diferenças significativas na variedade de feijão em estudo, como mostra a figura 1.

Figura 1. Comportamento variável da altura das plantas

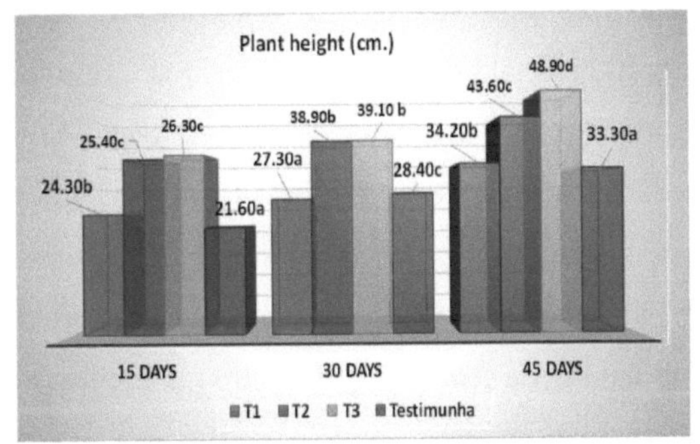

As médias com letras diferentes (a, b, c, d) diferem entre si por p :S 0,05.

Ao avaliar o efeito do uso de diferentes fertilizantes orgânicos em uma variedade de feijão na variável de crescimento altura da semente; pode ser visto na figura 1, que o tratamento (T3), dá melhores resultados com uma altura de 36,30 cm, aos 15 dias e aos 45 dias de 48.90 cm, discrepância significativa com os outros tratamentos e bastante diferindo significativamente deste. tratamento (T2) aos 30 dias, em todos os casos este resultado corresponde aos tratamentos quando uma alocação orgânica é aplicada à taxa de 30,0 kg.m^2 , em todos os casos, mostrando o menor valor no tratamento de controlo (T4). Esses resultados são superiores aos relatados por Sánchez (2010), que avaliou duas cultivares de feijão no município de Ciego da Ávila (Cuba) em um solo Vermelho Ferrallítico, obtendo valores médios entre 23,8 cm e 26,9 cm, respetivamente. Essas diferenças podem ser devidas às condições ambientais em que a pesquisa foi realizada e ao manejo agronômico a que essas culturas foram submetidas, se levarmos em conta o que é afirmado por Palácios e Montenegro (2006), citados por Jiménez (2013), que estabelece que a altura da planta é uma caraterística genética específica da cultivar, que interage com o meio ambiente. Resultados superiores também foram relatados por Oporta e Rivas (2006) na Nicarágua, ao avaliarem um estudo de feijão para determinar as densidades ideais e o tempo de semeadura para variedades com crescimento indeterminado, encontraram diferenças significativas nos valores do comprimento do caule principal, atingindo os valores mais altos de 1,50 e 2 metros. Resultados inferiores e semelhantes foram relatados por diferentes autores, como Nonato (2007), que avaliou 20 variedades semilenhosas no Brasil em condições de sequeiro e encontrou diferenças significativas nessas variáveis com valores variando entre 0,36 e 0,48 m.Ndapandula (2013), avaliando duas variedades Nacare e Shindimba em três épocas de semeadura, encontrou diferenças significativas nos valores de comprimento da haste principal avaliados aos 40 dias após a semeadura (DDS), atingindo valores de 126 cm em Shimdimba e 198 cm em Nacare. Nesta investigação, foram obtidos resultados superiores ao avaliar seis variedades de feijão num solo semi-árido.

4.1.2. Análise do diâmetro do caule (mm)

O diâmetro do caule da planta é um indicador que, juntamente com a altura e o número de folhas, formam o vigor da planta, como mostra a figura 2. Observa-se que o melhor tratamento em termos da variável diâmetro do caule foi nas plantas obtidas do tratamento T4, (onde 12 e 30 kg.m^2 de esterco bovino) obtiveram os melhores resultados, com um diâmetro de 8,90, 9,30 e 9,60 mm, aos 15, 30 e 45 dias respetivamente, a análise de variação mostrou diferenças significativas entre todos os tratamentos.

Ngouajio et al., (2006) e Oliveira et al., (2010) obtiveram resultados semelhantes e relatam que à medida que a planta ganha em crescimento, o caule aumenta em diâmetro. Esta pesquisa mostra que isso representa o potencial de cada variedade de feijão e um ambiente climático adequado para o sucesso do desenvolvimento da planta.

Figura 2. Desempenho do diâmetro variável do caule

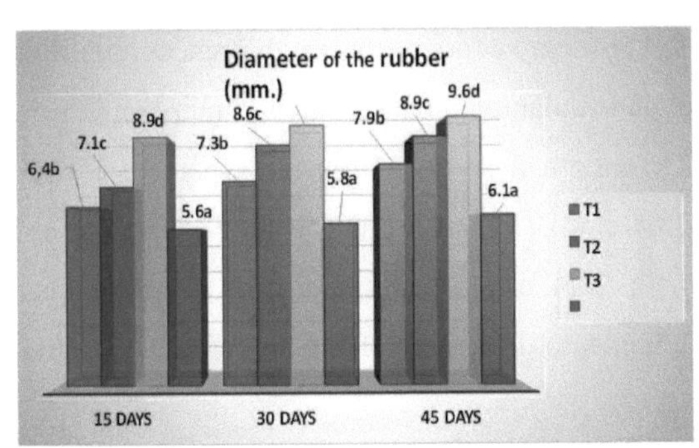

As médias com letras diferentes (a, b, c, d) diferem entre si por p :S 0,05.

Resultados semelhantes foram obtidos por Ngouajio et al., (2006) e Oliveira et al., (2010) relatam que à medida que a planta ganha em crescimento há um maior diâmetro do caule. Esta pesquisa mostra que o acima explicado é o potencial de cada variedade de feijão e um ambiente climático adequado para o sucesso do desenvolvimento das plantas. A maioria das plantas dos tratamentos com seis variedades de feijão mostra que a variável diâmetro do caule foi influenciada positivamente pelo clima e pela qualidade genética de cada variedade. Os resultados obtidos coincidem com a tendência relatada por Mallor et al., (2010), de que ocorre uma diminuição do diâmetro do caule da planta quando o potencial genético de cada variedade não pode ser expresso num ensaio de cebola cultivada em Fuentes de Ebro, Espanha.

4.1.3. Comportamento da variável número de folhas (u)

O aumento da área foliar é de grande importância fisiológica para as plantas, uma vez que com o aumento desta variável haverá uma maior possibilidade de aumentar a superfície fotossintética ativa, o que favorece a produção de hidratos de carbono que, juntamente com a água e elementos minerais absorvidos pelas raízes, induzirão um aumento na síntese de proteínas e outros compostos orgânicos, o que se traduzirá num aumento da produção de biomassa nas plantas. Na análise de variância efectuada para a variável número de folhas por planta (figura 3), observa-se que existem diferenças significativas entre os tratamentos. O melhor tratamento para a variável número de folhas é observado no tratamento T3 (onde a dose de fertilizante orgânico de 30,0 kg.m^2), com valores de 9,3; 38,3 e 56,3 folhas, seguido pelo tratamento T2 (7,10; 8,6; e 8,9 folhas) e T1 (6,10; 26,4 e 36,9), nesta ordem, respetivamente, em seguida, continua com o tratamento de controlo T4 (6,3; 18,3 e 23,6 folhas).

Figura 3. Comportamento da variável número de folhas por planta.

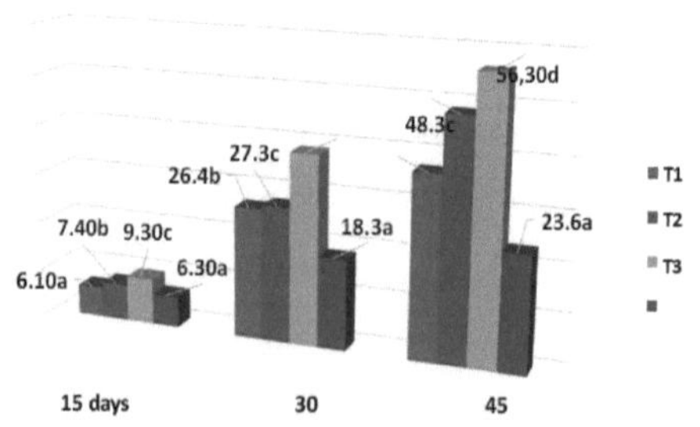

As médias com letras diferentes (a, b, c, d) diferem entre si por p :S 0,05.

Estes resultados podem ser dados pelo fato do porte da planta e o grau de deificação, pois este é um caráter da arquitetura da planta, e influenciado pelas caraterísticas de cada variedade, mais o ambiente que permite o desenvolvimento da planta especificamente na emissão de folhas (Manuel, 2014).Esta pesquisa evidenciou o efeito benéfico causado pelas diferentes caraterísticas genéticas das variedades de feijão, onde a planta fica menos exposta às emissões de raios solares, que segundo Leving (2004) citado por Manuel (2014), a radiação nas plantas é promotora da ativação de várias enzimas, como polifenol oxidases, cabalases, peroxidases e esterases, que suportam a formação de substâncias fisiologicamente activas, que são utilizadas pela planta favorecendo o seu crescimento e desenvolvimento em geral. Resultados semelhantes foram reportados por Ndapandula (2013), avaliando duas variedades de feijão Nacare e Shindimba em três épocas de sementeira, que encontrou diferenças significativas no número de folhas por planta, argumentando que a diferença se deveu à variedade e ao comportamento da precipitação, clima e fertilizantes incorporados no solo. Nonato (2007), avaliando 20 variedades de feijão semi-cultivado de crescimento indeterminado no Brasil em condições de sequeiro, encontrou diferenças significativas nos valores desta variável entre as diferentes variedades. Filho e Carlos (2006), avaliando nove progênies de feijão macunde, encontraram diferenças significativas nos valores do comprimento do ramo principal, que variou de 25,17 a 94,88 centímetros, enquanto o número de ramos atingiu valores de 2,60 ramos por planta. O número de ramos laterais principais e suas caraterísticas têm influência direta na arquitetura da planta e no potencial de rendimento de grãos, conforme observado por Mendes et al.

4.2. Comportamento dos componentes do desempenho.

4.2.1. Comportamento do número de vagens por planta (u)

O número de vagens por planta na cultura do feijão, juntamente com o comprimento da vagem e o peso de 100 sementes, são as variáveis que estão sempre relacionadas com a produtividade da cultura, independentemente das condições avaliadas. Esses resultados são apresentados com base nas caraterísticas genéticas das variedades em estudo, que é um componente essencial para a produtividade das plantas. Na figura 4, mostra-se que a variável número de vagens onde o tratamento T3 (onde a dose de adubo orgânico de 30,0 kg.m^2), obteve os maiores resultados 7,16 vagens/planta, diferindo significativamente com todos os tratamentos, tratamentos T1 e T2 e não diferindo entre os links, o menor resultado é mostrado no tratamento T4 (controle). Esses resultados não correspondem aos obtidos por Sánchez (2010) que relatou um valor mínimo de 9 e um valor máximo de 10 vagens por planta ao avaliar duas cultivares de feijão com hábito I. Valdivia (2010), ao avaliar cinco cultivares com hábito I, relatou um valor mínimo de 9 e um valor máximo de 11 vagens por planta.

Figura 4. Comportamento da vagem/planta

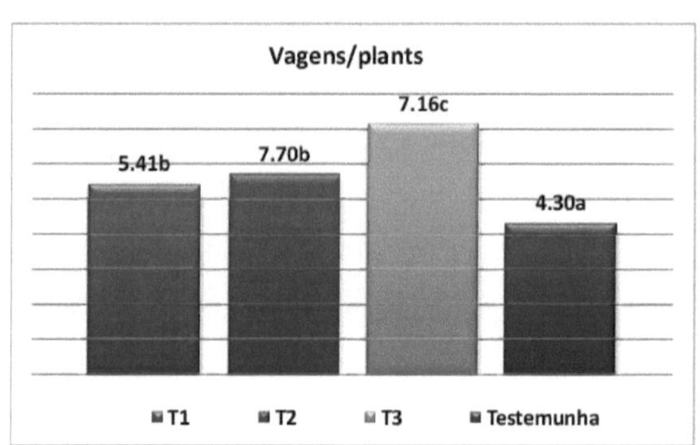

As médias com letras diferentes (a, b, c, d) diferem entre si por p :S 0,05.

Expósito (2010) relatou um valor médio de 13 vagens por planta ao avaliar uma cultivar de feijão preto de hábito I em um solo vermelho ferralítico no município de Cego de Ávila (Cuba), esses valores foram menores em relação aos valores obtidos nesta pesquisa. O número de vagens por planta está relacionado com o rendimento, Artola (1990) citado por Jiménez (2013) afirma que depende do número de flores que a planta tem, além disso, é influenciado por factores ambientais (temperatura, vento e água), no momento da floração e estado nutricional durante a fase de deformação da vagem e da semente. O número de vagens por planta é descontínuo, uma vez que os seus valores podem ser expressos em números inteiros (Jiménez, 2013).

Muitos autores têm relatado resultados semelhantes em relação aos valores obtidos neste componente de rendimento (Aramendiz et al., 2011), avaliando 13 linhas promissoras de feijão-caupi no vale do Sinú na Colômbia e encontrando valores de 10 e 21,1 vagens por planta. Teixeira et al., (2010), no Brasil, avaliando oito variedades de feijão-caupi, encontraram valores de 10 e 23 vagens por planta, estes resultados diferem dos obtidos nesta pesquisa com variedades de feijão.

O objetivo da avaliação do desempenho de diferentes variedades de feijão na área experimental é fornecer aos produtores sementes resistentes às condições climáticas de Ondjiva, de modo a aumentar o rendimento, aproveitar o espaço vital da planta e melhorar as condições físicas, aumentando as reservas nutricionais já existentes. existentes no solo. A sementeira correta de uma variedade de feijão é sempre um dos meios mais eficazes para obter os melhores rendimentos, bem como para melhorar a fertilidade do solo. O uso crescente destas práticas e a sua aplicação em larga escala são os principais elementos para o aumento da produção de feijão na província do Cunene. Este facto está associado aos baixos níveis de pluviosidade na localidade, o que faz com que os rendimentos das culturas não atinjam o seu máximo potencial produtivo na região. Para além das condições avaliadas, é necessário o uso de alternativas que permitam a obtenção de rendimentos elevados, minimizando as perdas devidas ao uso incorreto de variedades na cultura do feijão. O comprimento de vagens por planta é um dos determinantes da produtividade e está ligado a condições de alta intensidade de radiação solar devido ao aumento da área foliar, aumentando a capacidade fotossintética da planta, formando assim nutrientes que estimulam a formação de vagens. O número de vagens e o seu comprimento numa planta é uma caraterística genética da variedade que se altera gradualmente com as condições ambientais (Da Silva Carneiro, 2011). Na análise de variância realizada para a variável comprimento de vagens por pão, observou-se que, no caso do tamanho de vagens por pão, os maiores valores foram alcançados pelo tratamento T3 (onde foram aplicadas doses de adubo orgânico de 30,0 kg.m^2), diferindo significativamente dos demais tratamentos, sendo o menor valor obtido pelo tratamento controle T4. Embora esse padrão esteja relacionado com a produtividade, pois quanto maior o número de vagens por planta e maior o número de grãos por vagem, maior a produtividade Carvalho et al. (2009), realizando uma caraterização morfoagronômica e sua divergência genética em 44 estudos de feijão-caupi africano no Estado do Piauí, Brasil, relataram valores entre 10 e 18.9 centímetros de comprimento por vagem e de 1,5 a 4,5 vagens por haste; nesta pesquisa, o comprimento de vagens por planta na cultura do feijão-caupi, os resultados foram inferiores aos obtidos por este autor. Da Silva Carneiro (2011), avaliando seis variedades de feijão-caupi no Brasil, encontrou valores de comprimento de vagem entre 12 e 18,3 cm e afirmou que os comprimentos de vagem de todas as variedades foram inferiores ao padrão comercial de 20 cm, proposto por Silva e Oliveira (1993), com valores superiores aos de 20 cm desta pesquisa.

4.2.2. Comportamento dos grãos por vagem (u)

O desempenho de dois grãos/planta é muito importante na análise dos componentes de rendimento, pois quanto mais grãos houver nas espigas, melhor será o desempenho ou rendimento Da Silva Carneiro (2011).

Figura 5. Comportamento dos grãos por vagens

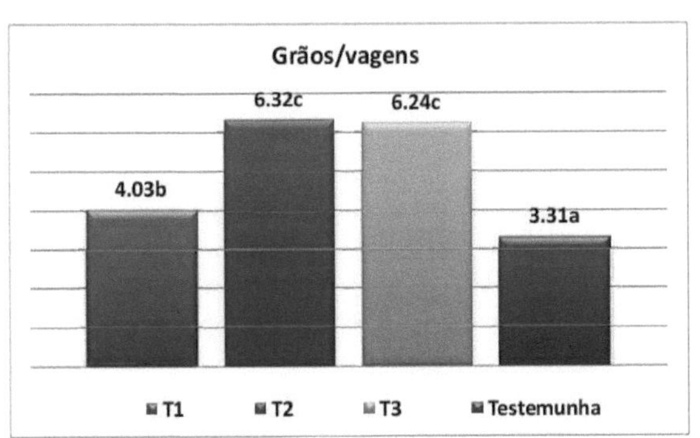

As médias com letras diferentes (a, b e c) diferem entre si por p :S 0,05.

Estes resultados não correspondem aos obtidos por Sánchez (2010) que, ao avaliar duas cultivares de feijão com hábito I, registou um valor mínimo de 9 e um valor máximo de 10 vagens por planta. Valdivia (2010), ao avaliar cinco cultivares com hábito I, relatou um valor mínimo de 9 e um valor máximo de 11 vagens por planta.

4.2.3. Comportamento do peso de 100 sementes (g)

Ao analisar o peso de 100 sementes na (figura 6) verifica-se que o melhor desempenho foi alcançado pelo tratamento T4 (controlo) com um valor de 15,3 g, reportando diferenças estatisticamente significativas entre todos os tratamentos. O tratamento T3, com um valor de 19,46 g, difere significativamente dos tratamentos T1, T2 e T4.

Ndanyengwondunge, (2014), explica que o peso da semente é condicionado pela transferência de nutrientes da planta para a semente, durante a sua fase vegetativa. Exania e Zoraida, (2006) citados por Ndapandula (2013), o peso de 100 sementes é determinado pelo tamanho da semente: longa e grossa. Nesta pesquisa, estes autores foram tidos em conta.

Figura 6. Comportamento da variável peso de 100 sementes (g)

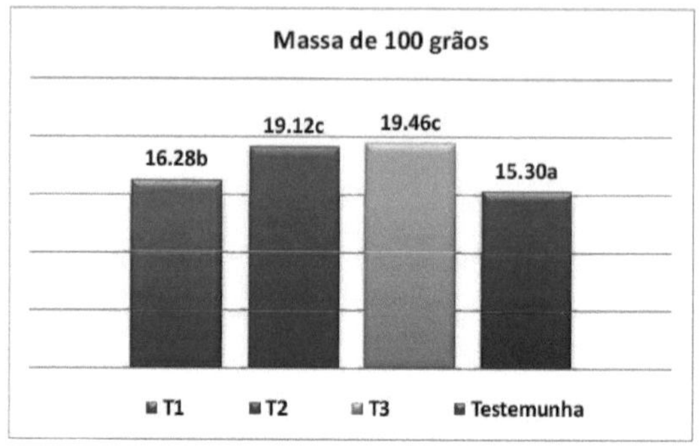

As médias com letras diferentes (a, b, c e d) diferem entre si por p :S 0,05.

Nonato (2007), avaliou 20 variedades de crescimento indeterminado do feijão Macunde de porte semi-cultivado no Brasil em condições de sequeiro, reportando valores que variaram de 12,7 a 25,7 g, indicando alta variabilidade deste componente entre as variedades. Da Silva Carneiro (2011), no Brasil, avaliando seis variedades de Macunde relatou valores para o peso de 100 sementes que variam entre 18,5 e 22 g. Nesta pesquisa, levando em consideração as variedades desta cultura, os resultados obtidos são superiores. .

4.2.4. Desempenho da produção ($t.ha^{-1}$)

Ao avaliar a produtividade (figura 7), observa-se que existem diferenças significativas entre os tratamentos, sendo que o tratamento T3 (onde se aplicam doses de adubo orgânico de 30,0 $kg.m^2$), com um valor de 0,96 $t.ha^{-1}$ obteve diferenças estatisticamente significativas entre os tratamentos T1 e T4, e não com o tratamento T2, o menor 0,72 $t.ha^{-1}$, diferindo significativamente com todos os tratamentos (figura 7).A produtividade determina a eficiência com que as plantas utilizam os nutrientes. e o potencial genético das variedades. Segundo Palácios e Montenegro (2006), a produtividade é função de várias caraterísticas anatómicas e morfológicas relacionadas com o número de vagens por ramo, número de vagens por planta, número de sementes por vagem e peso de 100 sementes.

Figura 7. Desempenho das acções por ação

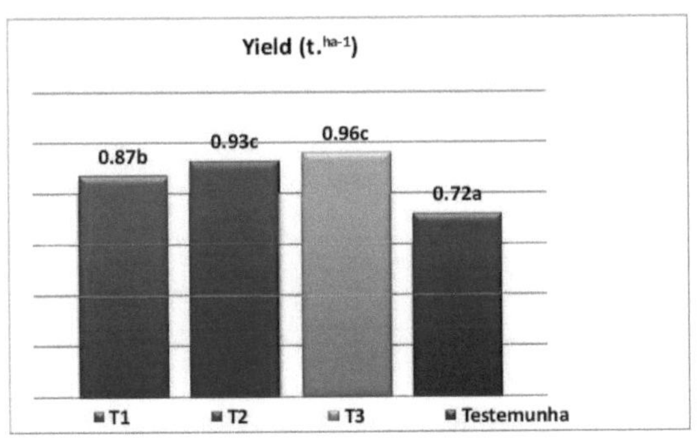

As médias com letras diferentes (a, b e c) diferem entre si por p :S 0,05.

Ndapandula (2013) citado por Ndanyengwondunge (2014) afirma que a formação do rendimento ocorre durante todo o período de crescimento e desenvolvimento, desde a emergência da planta até a formação do último órgão sob a influência de factores edafoclimáticos, por isso a avaliação deve considerar o ambiente específico em que o experimento é conduzido, que os valores altos e baixos refletem as possibilidades reais do genótipo, de acordo com as condições presentes. Neste experimento, o tratamento T3 (onde a dose de adubo orgânico de 30,0 kg.m^2) foi a variedade com melhor adaptabilidade às condições climáticas do local de estudo. Samaneolu (2013), em condições edafoclimáticas semelhantes, avaliando cinco distâncias de plantio com a variedade Shindimba de feijão macunde, encontrou valores de 1,36 e 1,85 t.ha^{-1} , respetivamente, tendo em conta as caraterísticas das variedades de feijão estudadas. nestas condições, estes parâmetros têm comportamentos inferiores e intermédios aos obtidos nesta investigação.

4.3. Análise económica

Tabela 8. Análise do desempenho económico dos tratamentos com feijão.

Tratamento	Desempenho (Produção bruta) (t.ha-1)	Preço de venda (AKz)	Valor bruto da produção (AKz)	Custo bruto de produção (AKz)	Ganância (AKz)	Custo x Akz. (AKz)
T1	0,87	850.000	739 500,00	34 000,00	705 500,00	0,21
T2	0,93	850.000	790 500,00	32 154,00	758 346,00	0,24
T3	0,96	850.000	816 000,00	36 450,00	779 550,00	0,21
T4 (Testemunha)	0,72	850.000	612 000,00	21 587,00	590 413,00	0,27
total	3.48	850.000	2 958 000,00	124 121,00	2 833 809,00	0,23

Aviso:

✓ Preço de uma t.ha^{-1} de feijão = 850.000,00 Akz.

✓ Valor da produção bruta = Produção bruta x preço de uma t.ha^{-1} de feijão.

✓ Lucro = Valor bruto da produção - Custo bruto da produção.

✓ Custo x Akz = Lucro / Custo bruto de produção.

Como se pode observar na tabela 7, o tratamento T3 (onde foram aplicadas doses de adubo orgânico de 30,0kg.m^2), obteve um custo de produção de 36.450,00 Akz e com uma venda produz 816.000,00 Akz, garantindo um lucro de 779.550,00 Akz, com um custo por Akz de produção bruta de 0,21 Akz, considera-se este resultado ou melhor curta experiência.

A seguir a este valor, são apresentados os resultados dos tratamentos T2 (onde foram aplicadas doses de adubo orgânico de 10,0 kg.m^2) e T1 (onde foram aplicadas doses de adubo orgânico de 5,0 t.ha^{-1}), os custos de produção em cada caso foram: 32 154,00 Akz e 34 000,00 Akz, os custos mais baixos foram encontrados no tratamento T4 onde foi semeada a testemunha, embora apresente os custos mais elevados. resultados do seu custo de produção (0,27 Akz). Em todos os casos houve um ganho e, de um modo geral, o Custo x Akz foi rápido de 0,23 Akz. Ndapandula (2013), avaliando duas variedades Nacare e Shindimba de feijão macunde em três épocas de sementeira, encontrou uma melhor relação custo x Akz na sementeira de dezembro devido ao maior rendimento obtido, nesta pesquisa os melhores resultados foram obtidos pelo tratamento T3 (onde dose de adubo orgânico 30,0 $kg.m^2$) e onde o melhor índice económico vem do tratamento T3 (onde dose de adubo orgânico 10,0 kg.m).[2]

V.CONCLUSÕES

1. No desempenho agro-produtivo das diferentes aplicações de adubo orgânico, as variedades de feijão e o tratamento T3 (onde são aplicadas doses de adubo orgânico de 30,0 kg.m^2) obtiveram os melhores resultados nas variáveis altura da planta, diâmetro do caule e número de folhas por planta.

2. Os melhores rendimentos de feijão foram obtidos no tratamento T3. (onde foram aplicadas doses de fertilizante orgânico de 30,0 kg.m^2).

3. Do ponto de vista económico, o melhor tratamento foi o T3 (onde foram aplicadas doses de adubo orgânico de 30,0 kg.m^2), com um lucro de 779.550,00 Akz, embora todos os tratamentos tenham dado lucro.

VI. RECOMENDAÇÕES

1. Que os agricultores da província do Cunene, em particular os da localidade de Caxilla III, apliquem as técnicas disponíveis neste trabalho para obterem melhores rendimentos na cultura do feijão, utilizando aplicações de fertilizantes orgânicos na dose de 30,0 $kg.m^2$, por ser o tratamento que melhor se desenvolve nas condições climáticas locais.

2. Realizar o mesmo estudo noutros municípios da província com diferentes caraterísticas edafoclimáticas para testar a adaptabilidade e o comportamento de diferentes variedades de feijão.

VII. BIBLIOGRAFIA

Almaguel, A. (2002). Taxonomia e Diagnóstico Fitossanitário de ácaros de importância agrícola. Cidade de Havana, CUBA.

Altieri, MA (1999). Agroecologia. Bases científicas para a agricultura. sustentável. Editorial Comunidad Nordana. Arquivo. Peru.

Arteaga, L. e Pumalpa, N. (1992). Situación atual del manejo de la cosecha de frutas y hortalizas en el Departamento de Nariño. In: Seminario sobre manejo poscosecha y comercialización de frutas y hortalizas. Pasto, Colômbia. p.1-8.

Araya, CM (2010). Guía para la identificación y manejo integrado de enfermedades del frijol en Centroamérica/ IICA/ Proyecto Red SICTA, COSUDE. Manágua. Nicarágua.

Arias, JH; Restrepo, T. e Jaramillo, Carmona, M. (2009). Manual: Bom Práticas agrícolas na produção de feijão.

Artola, EA, (1990). Efeito do espaçamento entre sulcos e controle de doenças em feijoeiro comum (Phaseolus vulgaris L.), genótipo Revolution 81, no ciclo de primavera de 1988. Tese da Universidade Nacional Agrária (UNA). Manágua, Nicarágua. 1 37p.

Ayala, JL e Mar, R. (2014). Manual fitossanitário para a agricultura urbana e pré-urbana. Boletim da FAO. Cooperação Sul-Sul. Caracas, Venezuela.p.26.

Baudoin, JP; T. Vander Boght; K. Mwangombe (2021). Produção agrícola em África. Editado por Romain H. Raenoekers. DGIC. Brucellas. p. 31 7-334.

Carpeta, U. (2007). Manual de leguminosas nicaragüenses. Volume I. Estelí, Nicarágua. 191p.

Box, JM (2011). Leguminosas de grão. Ed. Salvat. Barcelona. 550 p.

Cabrera, C. (2000). Frijol. Podes viver em Ecópolis. Fundación Antonio Núñez Jiménez de la Naturaleza y el Hombre, Vol.,5, núm.20,8-11.

Camellón, M. (2012). Incidência (Polyphagotarsonemuslatus Banks) em cultivares de feijão (Phaseolus vulgaris. L) e regulação de seus problemas. Tese em opção para o grau de Engenheiro Agrícola. Universidade de Ciego de Avila. Cuba.

Cartas de Natal. EL/Cidades/Angola. Coordenadas geográficas e área Cidades horárias de Angola. 2012. Disponível<http://www.google.com/Cartasnatal.es/ciudades/Angola- p 795. Acedido em 3/3/2023.

Carvalho, A.; Bezerra, A.; Alves, FJ; Fernández, T.; Rodríguez, F.; Freire F. e Queiroz, Ribeiro, V. (2009). Caraterísticas da produtividade do feijão-caupi em diferentes densidades populacionais. Agropec. Bras, 2009, Brasília, v.44, n.10, p.1239-1245.

Camagro, (2005). Cámara Agropecuaria y Agroindustrial de el Salvador. Manual para el manejo postcosecha de hortalizas. p.19. [acedido em 13 de maio de 2023]. Disponível na World Wide Web: <https://www.bmi. gob.sv/pls/portal/url/ITEM/1FFDE4C4A5A0D9E8E040558CE3C96 EF2

Centro Internacional de Agricultura Tropical, (CIAT). (2014). Morfologia do feijoeiro comum (Phaseolus vulgaris L.). Guia de estudo. CIAT, Cali (Colômbia), 49.

Centro Internacional de Agricultura Tropical, (CIAT). (2010). Descrições anuais de pragas que atacam o feijão. Guia de estudo. CIAT. Cali, Colômbia. 41 pp.

Cossanga, E. (2000). Efeitos de algumas alternativas sustentáveis no desenvolvimento e crescimento das culturas. Tese de licenciatura. Universidade de Granma, Bayamo.

Da Silva, Carneiro, A. (2011). Caraterísticas agronômicas e qualidade de sementes de feijão-caupi em Vitória da Conquista, BAHIA. Dissertação apresentada à Universidade Estadual do Sudoeste da Bahia como parte das exigências do Programa de Pós-Graduação em Agronomia, área de concentração em Fitotecnia, para a obtenção do título de Mestre. Vitória da Conquista Bahia-

Brasil. 2011.

Escoto, D. (2014). A cultura do feijão. Manual técnico para uso de empresas privadas, consultores individuais e produtores. Secretaria de Agricultura e Pecuária. Direção de Ciência e Tecnologia Agrária. Tegucigalpa. Honduras.

Estação Meteorológica do Cunene (EMC) (2017): Informação cartográfica sobre temperaturas, humidade relativa e precipitação. Estação Meteorológica do Cunene. Instituto Nacional de Geofísica e Hidrometeorologia, Ondjiva.

Exania de Rosario, JJ e Zoraida de Socorro, L. (2006). Avaliação preliminar de 36 genótipos de feijão comum (Phaseolus vulgaris L.) numa época posterior em Macico, Somoto. Tese de diploma. Manágua. Nicarágua, 2006.

Expósito, Y. (2010). Avaliação de cultivares de feijão vermelho (Phaseolus vulgaris L.), em um solo vermelho ferralítico em Ciego de Avila. Trabalho como Engenheiro Agrónomo opcional. Cuba.

Fandiño, Y. O. (2009). Estudo e regionalização de variedades de feijão comum INIVIT Punti blanco (Phaseolus vulgaris L.), na zona centro-oriental de Cuba. Dissertação de mestrado opcional em Ciências Agrárias. Universidade de Ciego de Ávila. Faculdade de Ciências Agrárias. Cuba.

FAO. (2011). Produção agrícola, culturas primárias. Disponível em: <http://faotatz.fao.org/home/index_es.html.locale-es#>.

FAO. (2013). Critérios, ferramentas e meios para a agricultura e a segurança alimentar.

desenvolvimento rural sustentável. Documento principal nº 1. Granada.

FAO. (2015). Principais importações de feijão seco em 2015. Divisão de Estatística da FAO.

FAOSTAT, (2010). Importância máxima do feijão seco em 2010.

Divisão de Estatística da FAO.

Filho Aires, M. e Carlos, H. (2006). Análise genética de caracteres relacionados à arquitetura de plantas em feijão-caupi (Vigna unguiculata L. Walp). Teresina

Estado de Piauí - Brasil, p 32.

Franco, F.; Pedroso, R.; Noá, A.; Castañeda, I.; Ríos, C.; Arredondo, I. e Chacón. R. (2014). Lista oficial de plantas. Material complementar para Botânica. Centro de Estudos Jardín Botánico de Villa Clara. UCLV. SantaClara. Villaclara.

Flores, Elisa (2012). Resposta da cultura do tomateiro (Solanumlycopersicum. L) com o uso de diferentes fontes de matéria orgânica, em condições semi-desérticas do Gtmo. Trabalho para obtenção do Diploma de Opção ao Grau de Engenheiro Agrónomo. Cuba

García, F.; Costa, J. e Laborda, R. (2009). Pragas agrícolas. Exopterygote ácaros de insectos. Universidade Politécnica de Valência, Espanha.

Hernández, R. (2012). Regulação biológica de Empoascakraemeri Ross e Moore, cultivar de feijão Harrisemum (Phaseolus vulgaris L.), no CPA "26 de julio". Tese apresentada como opção ao Engenheiro Agrónomo. Cuba.

Hernández P. e Chailloux S. (2001). Influência de diferentes fontes de benefícios orgânicos no crescimento e utilização de nutrientes em Vignaluteola. Programa. Res. XIII Científico. Científico. INCA, p. 67, Havana.

IMPULSEMILLAS, (2007). Couves híbridas. En: Catálogo de produtos. Linha de sementes e legumes. [em linha]. [citado em 20 de maio de 2006]. Bogotá. Disponível na World Wide Web: <http://www.impulsemillas.com/cat_product.asp?id_p=37&id_c=16 Infoagro (2008). Cultivo de hortaliças. Disponível em: http://wwwinfoagro.com/hortaliza/col.htm. Acedido em: 30 de maio de 2023.

Jaramillo, J e Leyva, E. (2002). Cultivo de hortaliças crucíferas (Couve - Brócolos - Couve-flor). In: Workshop de Produtividade e Comercialização de Hortaliças. Tibaitatá, CORPOICA. pp.14-32. [online]. [21 de junho de 2021]. Bogotá. Disponível em World Wide Web: <http://www.corpoica.org.co/Archivos/Foros/MEMORIAS.pdf>.

Jiménez, S. F. (2013). Geração de metodologias de sinalização de pragas.p.20-

28. In: LL Vázquez; Ingrid Paz (eds.), Memorias del Curso Taller para Agricultores y Extensionistas "Manejo integrado de plagas en la producción agrícola sustentable". INISAV, Havana, Cuba.

Lee, B. (2001). Evolução de alguns factores bióticos, abióticos e do ecossistema magro das culturas associadas ao feijão (Phaseolus vulgaris L.) em tkkkt (Zea mays). Tese opcional para o Mestrado em Agroecologia e Agricultura Sustentável. Universidade Agrária de Havana, Havana, Cuba: 67p.

Leving, V. (2004). Acumulação dinâmica de substâncias genéricas e variações na qualidade das proteínas em stocks de plantas de trigo provenientes de plantas semi-irradiadas. Biologia Agrícola. Revista Universitária e Científica. 2004, vol. 20, no. 39, p. 52-57.

López, R. (2014). Peculiaridades biológicas de (Andrectorruficornis Oliver) em uma cultura de feijão (Phaseolus vulgaris L.) em um campo no município de Victoria, Venezuela. Tese apresentada como opção para Engenheiro Agrônomo. UNICA, Cuba.

Manuel, D. (2014). Efeito da distância de sementeira no rendimento agrícola do pepino (Cucumissativus LV Ashley). Trabalho final de curso apresentado para obtenção do grau de Engenheiro Agrónomo. Instituto Superior Politécnico do Cunene-Angola, 2014.

Martínez, E.; Barrios, G.; Rovesti, L.; Santos, R. (2007). Manejo integrado de pragas. Manual Práctico, Centro Nacional de Sanidad Vegetal, Instituto de Investigaciones Fitosanitarias, Havana, Cuba.

Mendes, RM de S; Távora, FJA F; Pinho, JLN e Pitombeira, JB (2005). Alterações na relação fonte-dreno em feijão-caupi submetido a diferentes densidades de plantas. Revista de Ciencias Agrícolas, v.36, p 82-90.

MINADOR (2015). Balanço dos resultados da campanha agrícola 2014/2015 do Ministério da Agricultura. Angola.

Ministério da Agricultura (2016). Perspectivas do sector agrícola para 2016. Disponível em: http://www.embajadadeangola.com/embajadadeangola- Angolaeconomia.hTML.Acedido em 26 de setembro de 2021.

Ministério da Agricultura (2019). Caracterização da Província do Cunene. Relatório da Direção Provincial de Florestas do Cunene. Luanda: Ministério da Agricultura. Angola.

Mora, A. (2013). Origem e importância da cultura do feijão comum (Phaseolus vulgaris L.). Revista Facultad de Agronomía de Maracay, vol. 23, 225- 234.

Namwenyo, J. (2017). Inventário de organismos nocivos que afectam a produção de feijão (Phaseolus vulgaris L.) no município de Ombandja. Proposta de gestão. Trabalho final de curso apresentado para obtenção do grau de Engenheiro Agrónomo. Escola Superior Politécnica do Cunene, Ondjiva.

Ndanyengwondunge, CJ (2014). Desempenho de três variedades melhoradas de feijão Macunde (Vignaunguiculiculatawalp Lin) em condições de sequeiro na província do Cunene. 59 ff. Dissertação (Licenciatura em Engenharia Agronómica) - Escola Superior Politécnica do Cunene, Ondjiva.

Ndapandula, Lourenço, M. (2013). Desempenho de duas cultivares melhoradas de feijão Macunde (Vignaunguiculata Lin) em três épocas de sementeira. Trabalho final de curso apresentado para obtenção do grau de Engenheiro Agrónomo. Universidade Mandume ya Ndemufayo, Politécnico de Ondjiva Cunene-Angola.

Ngouajio, M.; Wang, G. Y. e Haus Beck, M. K. (2006). Alterações no rendimento e no valor económico do pepino em conserva em resposta à densidade de plantação. Crop Science. 2006, vol. 1, no. 46, pp. 1570-1575.

Nonato, BR (2007). Avaliação de genótipos de feijão-caupi semiproduzido em cultivo.

de sequeiro e de regadio. TERESINA. PI. maio 2007, 37p.

Oliveira, A.; Silva, J.; Oliveira, AN; Silva, D.; Santos, R. e Silva, N. (2010). Produção de cornichão em função do espaçamento entre linhas e entre plantas. Horticultura Brasileira. 2010, nº 28, p. 344-347.

Oporta, Pichardo, E. e Rivas, Cáceres, AM (2006). Efeito da densidade populacional e da estação seca no rendimento e na qualidade da semente de uma população de feijão-caupi vermelho (Vigna unguiculata L. Walp) na fazenda El Plantel. Tese apresentada para a opção de engenheiro agrónomo na Universidade Nacional Agrária. Manágua, Nicarágua outubro de 2006, 31 p.

Pacheco, D. (2011). Demanda do feijão por tecnologia melhorada. (Palestra apresentada numa Conferência Internacional, Cali, Colômbia). Mimeo 1 4p.

Palácios, A. e Montenegro, D. (2006). Efeito de três densidades de secagem e três épocas de secagem no crescimento e rendimento do feijão-caupi vermelho (Vigna unguiculata L. wal). Trabalho de tese. Ciudad Darío, Matagalpa. Universidade Nacional Agrária (UNA). Manágua, Nicarágua. 46p.

Pequeno TC (2018). Avaliação de seis variedades de feijão (Phaseolus vulgaris. l) nas condições climáticas de Ondjiva. Trabalho de fim de curso apresentado para a atribuição do grau de Bacharel em Engenharia. Instituto Politécnico do Cunene. Departamento de Engenharia. Universidade Mandume Ndmufayo.

Ramos, J. (2014). Pragas e doenças de importância económica que afectam a cultura do feijão no vale da Chincha. Governo Regional da ICA. Direção Regional Agropecuária do ICA. Agência Agrária de Chincha. Costa Rica.

Rodríguez, Y. (2006). Avaliação de 15 cultivares de feijão vermelho (Phaseolus vulgaris, L) nas condições edafoclimáticas do município de Majibacoa (opção como engenheiro agrónomo). Centro Universitário Las Tunas. Cuba.

Samaneolu, P. (2013). Densidade de sementeira na cultura de sequeiro do feijão macunde (Vignaunguiculata L. Walp). Trabalho final de curso apresentado para a obtenção do grau de Engenheiro Agrícola. Universidade de Mandumeya Ndemufayo, Escola Superior Politécnica de Ondjiva Cunene- Angola, 2013.

Sánchez, R. (2010). Comportamento agro-produtivo de 19 variedades de feijão (Phaseolus vulgaris L.) num solo vermelho ferralítico em Ciego de Avila. Trabalho como opção ao grau de Engenheiro Agrónomo. Universidade "General Máximo Gómez Báez" de Ciego de Ávila. Cuba.

Sandoval, P. (2010). Fitossanidade em três variedades de feijão (Phaseolus vulgaris L.) em condições favoráveis e desfavoráveis de humidade do solo. Revista Chapingo, Serie Zonas Árida.

Sandoval, P. (2014). Resposta de variedades de feijão a tratamentos com fertilizantes orgânicos e químicos no controle das principais doenças do feijão em uma região Lagunera. Rev. Mexicana de Fitopatología 12:63-76.

Silva, PSL e Oliveira, CN (1993). Rendimento de feijão verde e maduro de cultivares de feijão-caupi (Vigna unguiculata L. Walp). Horticultura Brasileira, v. 11, p. 133-135.

Help, Q.; Martin, F.; S, David (2008). Grãos. Impresso nas Figuras de Oficinas del Departamento de Publicaciones y Materiales Educativos del Instituto Politécnico Nacional. Trasgueras 27 Centro Histórico, México, DF.318p.

Mota Yumeri (2012). Resposta da cultura do pepino (Cucumis sativa) com o uso de alternativas orgânicas em condições intensivas de estufa. Tese de opção para obtenção do grau de Engenheiro Agrónomo. Faculdade Agroflorestal de Montanha. Subsede Costa Rica. Ministério da Educação Superior. Guantánamo.

Tapia, B. (2014). Feijão comum (Phaseolus vulgaris L.). Ministerio de Desarrollo Agropecuario y Reforma Agraria. Nicarágua: 42-55. pag.

Teixeira, Rhode Island; Carneiro, Da Silva, G.; Ribeiro, De Oliveira, JP; Guerra, Da Silva, A. e Pelá, A. (2010). Desempenho agronômico e qualidade de sementes de cultivares de feijão-caupi na região do cerrado. Revista. Ciencias agronómicas, vol.41. norte. .2 Fortaleza.

Tortosa, G., Alburquerque, J., Ait-Baddi, G., Cegarra, J. (2012). The production of commercial organic amendments and fertilisers by composting biphasic olive mill residues ("alperujo") Journal of Cleaner Production, 26, 48-55 DOI: 10.1016/j.jclepro.2015.12.008.

Travuco, M.; Zarza, H.; Morel, L. (2016). Evolução de produtos químicos e extratos vegetais para o manejo do ácaro branco (Poliphagtarson emuslatus Bank.) em pimenta (Capsicuman nuum L.). RevistaTecnologíaAgraria.2; 1 (1):1 5-1 9. Nicarágua.

Valdivia, G. (2010). Comportamento agro-produtivo de 19 variedades de feijão vermelho (Phaseolus vulgaris. L) em um solo vermelho ferralítico em uma província de Ciego de Avila. Trabalho em opção para a obtenção do grau de Engenheiro Agrónomo. Universidade "General Máximo Gómez Báez" de Ciego de Ávila. Cuba.

Vázquez, L. (2008). Gestão Integrada das Pragas. Perguntas e respostas para extensionistas e agricultores de La Habana. CIDISAV, 560 p.

Vázquez, LL; Murguido, C. e Peña, E. (2011). Controlo biológico para a conservação de inimigos naturais em programas de gestão de pragas introduzidas. In: Resumos IV Seminário Científico sobre Fitossanidade, Workshop sobre Pragas Emergentes. Matanzas, Cuba.p. 257.

Yalta, J. (2001). "Efeito do mulch com incorporação de frango no rendimento da couve (brassica oleracea, Var. Capitata alba L.). Tese para obtenção do grau de Engenheiro Agrónomo.

Borrero, Y. (2005). Efeito de diferentes doses de matéria orgânica no cultivo do tomateiro (Lycopersicon esculentum M.), variedade HA - 3057, em condições de Casa de vegetação protegida. 52h. Trabalho de conclusão de curso (optativo para o grau de Engenheiro Agrónomo). Universidade de Granma.

VIII. ANEXOS

Anexo 1. Dados climáticos

MINISTÉRIO DAS TELECOMUNICAÇÕES, TECNOLOGIA DE INFORMAÇÃO E COMUNICAÇÃO SOCIAL
INSTITUTO NACIONAL DE METEOROLOGIA E GEOFISICA
DEPARTAMENTO PROVINCIAL DE METEOROLOGIA DO CUNENE

MAPA DE TEMPERATURAS MÁXIMA E MINIMA, HUMIDADE RELATIVA E PRECIPITAÇÃO REFERENTE AO I TRIMESTRE DE 2023 – DADOS CLIMATICOS

Dias	Tª Máxima °c			Tª Mínima °c			Humidade Relativa %			Precipitação mm		
	Jan	Fev	Marc	Jan	Fev	Marc	Jan	Fev	Marc	Jan	Fev	Marc
01	30,3	29,2	33,1	19,3	20,0	19,7	70	61	51			
02	30,4	30,9	29,8	21,0	21,5	19,1	61	51	66			
03	23,7	30,1	32,8	19,8	21,3	19,8	67	67	44			
04	20,1	32,1	33,0	18,7	20,8	18,0	98	48	20			
05	29,8	31,4	34,0	19,0	22,2	18,4	40	30	22			
06	31,1	30,9	35,9	19,6	20,8	18,8	29	59	21			
07	33,7	26,7	35,9	20,8	20,9	21,4	31	58	35			
08	32,3	28,6	31,0	22,9	21,7	21,5	27	65	50			
09	31,3	31,7	34,7	21,2	19,4	22,6	30	43	30			
10	33,2	33,1	34,4	23,1	18,8	22,4	44	46	40			
11	28,9	33,1	32,0	21,2	20,0	20,8	75	31	78			
12	31,6	33,8	32,8	21,6	20,3	22,6	67	31	68			
13	30,7	35,1	34,8	19,9	21,7	21,0	62	35	40			
14	31,1	35,6	35,0	18,0	23,4	21,2	68	31	39			
15	31,9	35,2	34,3	18,0	21,6	21,1	50	22	33			
16	29,6	33,3	33,4	20,7	18,2	20,2	71	27	47			
17	26,4	32,9	31,7	20,0	16,9	17,7	67	31	40			
18	25,7	31,9	33,5	19,0	13,7	20,0	85	23	50			
19	25,1	33,0	33,3	18,1	15,0	19,4	96	22	46			
20	22,3	33,1	33,9	20,6	15,4	19,3	90	24	49			
21	27,2	34,2	32,6	18,6	14,8	20,2	78	22	55			
22	24,6	35,4	32,4	17,2	17,4	21,3	71	26	47			
23	27,4	34,0	29,8	19,4	21,3	18,8	79	39	72			
24	28,4	32,9	32,0	18,5	20,8	20,5	79	48	53			
25	30,2	34,5	30,8	20,6	20,5	18,5	68	49	46			
26	31,0	34,3	25,6	19,0	20,2	21,2	71	46	84			
27	31,4	32,5	30,6	20,2	21,6	18,3	70	64	55			
28	30,1	27,9	28,4	21,1	19,7	18,6	68	-	77			
29	30,3		31,0	20,1		20,3	59		66			
30	27,8		31,8	17,9		20,6	77		63			
31	27,4			19,6		18,9	76		62			
Total	901,6	906,3	1006,6	548,8	548,8	622,2		1099,0	1565,0			
Média	28.6	30,2	32,5	19,7	19,6	20,1	65	78	51			

MAPA DE TEMPERATURAS MÁXIMA E MINIMA, HUMIDADE RELATIVA E PRECIPITAÇÃO REFERENTE AO II TRIMESTRE DE 2023 – DADOS CLIMATICOS

Dias	Tª Máxima °c			Tª Mínima °c			Humidade Relativa %			Precipitação mm		
	Abril	Maio	Junho	Abril	Maio	Junho	Abril	Maio	Junho	Abril	Maio	Junho
01	31,1	33,0	31,5	20,2	16,7	13,8	61	30	25			
02	32,0	32,5	32,1	19,4	15,1	15,5	59	27	29			
03	32,2	33,0	31,3	20,6	14,4	13,0	50	30	27			
04	31,8	32,5	32,7	20,6	14,4	12,4	55	31	22			
05	31,2	32,3	31,8	18,8	16,5	11,4	43	30	21			
06	32,6	32,6	31,8	17,8	16,5	11,4	54	25	13			
07	33,8	33,1	31,6	18,0	15,2	13,4	45	31	17			
08	33,4	32,8	30,9	19,6	17,8	12,6	39	35	21			
09	32,6	32,8	30,4	20,3	16,3	13,4	42	40	19			
10	33,6	33,5	31,2	21,3	16,3	13,4	46	24	20			
11	33,9	32,8	30,7	19,5	18,3	11,4	34	26	20			
12	33,4	31,7	27,2	19,5	15,1	11,8	40	30	22			
13	34,4	31,8	29,2	18,0	15,9	7,8	39	37	17			
14	33,7	31,7	29,4	19,8	14,2	9,2	35	28	24			
15	33,9	31,5	29,4	18,5	15,0	9,3	37	21	21			
16	33,4	30,2	30,1	16,6	19,9	7,7	33	34	15			
17	32,6	30,3	30,1	17,7	13,4	7,8	37	30	15			
18	32,7	30,5	30,0	16,7	11,2	9,2	45	24	18			
19	33,4	31,0	29,9	18,7	11,3	7,3	46	25	22			
20	31,6	32,3	30,0	20,2	12,3	8,1	45	18	22			
21	20,9	32,4	29,7	17,9	13,3	10,8	75	20	22			
22	29,2	33,1	29,6	18,0	15,6	10,8	72	25	20			
23	32,5	32,4	29,3	19,4	14,5	9,0	45	20	21			
24	32,7	32,4	28,3	20,6	16,4	11,2	46	28	22			
25	32,6	31,1	28,5	20,8	15,2	11,0	56	23	27			
26	33,3	31,7	28,5	19,1	13,4	9,5	48	21	34			
27	33,6		23,0	18,2	15,1	9,4	39	23	52			
28	33,5	31,7	22,4	18,2		3,3	28		32			
29	33,7	31,9	27,1	16,4	15,9	3,6	35	20	21			
30	33,4	29,8	28,2	16,0	12,6	6,8	33	23	27			
31		30,7			11,5			22				
Total	973,6	959,1	885,9	566,4	449,3	305,3	1362	801,0	661,0			
Média	32,4	31,9	29,5	18,9	14,9	10,1	45	27	22			

Anexo 2. Recolha de informação na empresa mineira Cristiano Shafodino

Recolha de dados sobre variáveis.

Printed by Books on Demand GmbH, Norderstedt / Germany